脱・道路の時代

上岡 直見

コモンズ

はじめに

道路をはじめとして、これまで日本国内に造られてきた社会資本のストックが、経済の発展と人びとの暮らしの質の向上に役立ってきたことは事実である。しかし、これからは右肩上がりの成長を前提とはできず、人口も減少する。税収の減少は不可避であり、これに伴って公共投資も制約を受ける。その一方で、行政サービス、とくに暮らしを支えるセーフティネットの維持も重要である。「あれも、これも」ではなく、何かを「やめる」選択が必要な時代になった。

二〇〇三〜〇四年に、旧道路公団の民営化が社会的に強く関心を惹いたにもかかわらず、日本の交通体系全体をどうするのか、人びとの暮らしに交通がどのようにかかわるのかという観点は乏しかった。議論の対象は高速道路だけに限られ、官僚批判と、高速道路の採算性の問題に矮小化された。しかも、議論の発端であったはずの採算性の論点すら、民営化後は雲散霧消していく。二〇〇六年一月には、国土交通省が採算性の低い未開通区間についても従来どおり建設する方針を示した。

その一方で、道路特定財源の取り扱いが議論を呼んでいる。道路特定財源は、自動車の保有と使用に対して課せられる税収を、道路整備に限定して充てる制度である。第二次世界大戦後から現在まで道路整備を行う基本的な仕組みとして機能してきたが、二〇〇六年一二月には、段階的に一般財源化する方向で閣議決定が行われた。この決定に対しては各方面から強い抵抗が示されているとともに、以前から特定財源制度の廃止を提唱している論者からも、一般財源化の内容についていくつかの懸念が提起されている。

日本の道路の構造面での技術は、本州・四国架橋にみられるように世界の最高水準にある。交通ネットワークを計画するシミュレーション技術などの理論面でも、最先端とは断言できないものの、欧米先進国に比べて遅れをとってはいない。ところが、これらの成果を活かすべき実際の道路事業となると、関係者間での合意形成や情報公開、環境対策などの点で、きわめて拙劣である。このような「技術は一流、事業は三流」の典型が、たとえば首都圏の東京外かく環状道路(外環)・首都圏中央連絡自動車道(圏央道)であろう。

これらの事業者は、環状道路が未整備であるために、都心に用のない自動車交通が東京都内に流入しているので、環状道路の整備によって混雑を緩和すると主張している。そこで沿線の市民は、いま都内を通過しているとされる自動車交通のうち何%が環状道路に迂回すると予測しているのか、起点・終点ごとの内訳を示すようにたびたび質問した。これに対して事業者側は、「データはコンピュータ上にのみ存在するもので、トータルの数字しかない」と回答している。ところが、圏央道に関する裁判の際に事業者側が「学識経験者の意見書」として提出した書面には、そのデータが記載されていた(九六ページ参照)。このように、判断に必要なデータを一方には提供し、一方には隠すという姿勢で、公正な議論がなされるとは考えられない。

一方で市民の側にも、都市部では「道路を整備すれば、渋滞が改善されてもっと快適に自動車が利用できるのではないか」という期待がある。また、農山村部では「道路の整備によって、暮らしのリスク（さまざまな行政・生活サービスへのアクセス、児童・生徒の通学、災害時の救援・避難など）に対処し、暮らしの質が向上する」という強い要求がある。しかし、多くの場合、それらの効果を道路の整備によって実現できるかどうかの検証はなされていない。

本書の第1章では、人びとがなぜ道路が「必要」と考えるのか、それは道路によって解決しうる問題なのかを改めて考える。とくに指摘したいのは、道路という「物体」が必要なのではなく、すべての人びとに「移動の自由（モビリティ）」を保障することが本来の目的であるという点である。第2章では、道路をめぐるおカネの出入りの基本を解説したうえで、いま注目されている道路特定財源の一般財源化にかかわる賛否両論について検討する。

第3章では、市民が道路政策に参加するための基本情報を提供するとともに、どのような問題があるのかを指摘する。これらは、各地で提起されている道路関係の訴訟の論点に深くかかわる内容でもある。第4章は、おもに首都圏の二つの環状道路（外かく環状道路・首都圏中央連絡自動車道）を例に、それらの整備によって首都圏の交通状況の改善が本当に期待できるのか、ことに誘発交通（道路を整備するほど、ますます自動車交通を増加させる）を検討する。

第5章では、いわゆる「ムダ」な道路について考える。道路に限らず「ムダな公共事業」とよく表現されるが、「ムダ」とは、いったい誰が、どのような根拠で評価すべきなのか、その考え方と情報を紹介する。第6章では、「造る時代」から「使う時代」への発想転換を提案するとともに、依然として各地で紛争を招いている道路計画に共通する問題点を指摘し、市民のためになる道路計画を実現するにはどのような方策があるのかを提言する。

このような趣旨から、本書では筆者の持論を述べるよりも、いろいろなところに散在している情報を関連づけて平易に解説し、市民が道路政策に主体的に参加する手がかりを提供することを心がけた。なお、他の文献・資料の引用に際して、原文が横書きで算用数字を使用している文書は、漢数字に変換している場合がある。また、ホームページを参照している場合があるが、ホームページは提供者の都合により廃止・変更がありうるので、ご了解いただきたい。

また、本書では、乗用車(人の移動にも使われる貨物車も含む)の個人や企業での利用、いわゆる「マイカー」「クルマ」などと通称される利用の形態を「自動車」と表記している。バス・トラック・タクシーなども物理的には自動車の一種であるが、公的な調査などでは前述の利用形態を「自動車」と表記する場合が多いので、その慣例に合わせた。人の移動以外の意味で用いるときは、そのつど説明を加える。

もくじ●脱・道路の時代

装幀●日高眞澄

第1章

道路をめぐる論点

1　道路か、移動の自由か

なぜ道路が「必要」なのか

近年、公共事業に対する批判が高まっている。二〇〇〇年一〇月の長野県知事選挙で当選した田中康夫氏が、〇一年二月に「脱・ダム」を宣言して全国的に注目を集めた。最近では、〇六年七月の滋賀県知事選挙で東海道新幹線の新駅建設の是非が争点になり、建設中止を主張する嘉田由紀子氏が当選した。このように、公共事業が「税金のムダづかい」として批判されることが多くなった一方で、道路整備に対する要求は依然として衰えていえない。

人びとは、なぜ「道路は必要だ」と考えるのか。「必要」とは、裏を返せば、何かに困っている、あるいは不便・不安を解消したいからである。その内容として、次のような項目があげられるだろう。

①渋滞がいっこうに緩和されない（近年では、大都市だけでなく中小都市にも広がっている）。

②自動車に関する税金や高速道路の料金が高い割にメリットが少ない。

③もっと道路があれば人びとの交流や経済活動が盛んになり、ヒト・モノ・カネが集まる。あるいは定住人口が増える。

④大気汚染や騒音に悩まされている（おもに都市部の幹線道路沿い）。
⑤幹線道路が渋滞するので、生活道路が抜け道に使われている。
⑥交通事故の不安がある、あるいは現に交通事故が多い（ドライバーとして、歩行者・自転車としての両面。都市部・農山村部いずれもある）。
⑦学校・保育所、通勤、医療機関、福祉施設、買い物などの生活に必要な施設やサービスへのアクセスが不便（農山村部に多いが、都市部にもみられる）。
⑧災害時に迅速に避難できる、あるいは救援が受けられるようにしたい。

しかし、ここで冷静に考えなければならないのは、これらの不便・不安が本当に現在の道路政策の延長で解決できる問題なのか、他にもっと優れた方法はないのだろうか、という点である。人びとは、道路という「物体」がほしいのではない。道路を使って用事をすませたり、不便・不安を解消することが、最終的な目的である。現在の道路の議論は、社会保障の仕組みが貧弱であったり、地域の経済が持続的でないという根本的な議論を避け、漠然と「道路」に期待して問題を先送りしているだけではないだろうか。

最近の工学系の交通研究では、アマルティア・セン（一九九八年ノーベル経済学賞受賞）の引用がよくみられる。一見、意外に思えるかもしれないが、センが論じる貧困・飢餓や不公正の問題と、交通貧困層、すなわち自動車が利用できないために生活に必要なサービスにアクセスできない人びとの存在が、同じ仕組みで説明されるからである。国民一人あたりのＧＤＰ（国内総生産）が同じでも、国によって社会的厚生の状態に大きな差がみられる。それと同じように、日本では莫大な道路投資(第2章参照)を行い、自動車の保有率が高いにもかかわらず、一方で多くの交通貧困層が存在し、人びとが公平な移動の自由を享受できていない。それは社会の仕組みの問題であって、道路や自動車の供給が不足しているためではない。

移動の三条件がそろうことが前提

道路だけでは移動が成立しない。自宅周辺の日常の移動なら徒歩や自転車によって可能であるが、それを越える距離の移動には、また雨・雪・寒さといった条件によっても、何らかの交通機関が必要となる。最近の新聞の人生相談欄に、六〇代主婦の次のような主旨の投書が掲載された[1]。

「七〇代前半の夫は、運転免許を取って約四〇年になりますが、自動車学校以外では運転したことがありませんでした。ところが、『この年になり、老い先も短いので、自分で運転して旅行に行きたい』と言い出しました。長年運転してきたものの、七〇歳になったからやめようという人もいるのに、です。息子たちは、『行きたいところがあれば連れて行く』と止めましたが、聞く耳をもちません。先ごろ車に乗り込み、とたんに自損事故を起こしました。警察には『こんな事故は初めて。運転能力が欠けているので、やめたほうがいい』と指摘されました」

多くの人は、免許と自動車さえあれば、道路の利用に何の支障もないと考えている。しかし、道路を自動車で移動することに関しては、かなり厳しい条件をクリアしなければならない。①身体的機能として運転に支障がなく、②実際に運転免許を保有し、③自分用の自動車が経済的な面も含めて自由に使える、という三条件がそろった場合にかぎり、自動車は有効な移動手段である。逆に、このうち一つでも条件が欠けたとたん、移動の困難に直面する。前述のような年齢による制約もあるし、免許の取得が許されない年少者も条件からはずれる。すなわち道路という物体があるだけでは、人びとの移動の自由が保証されない。他に手段がないから自動車に依存するという状況は、何ら移動の自由を意味しない。

前述の①〜③の三条件を一つでも満たせない人にとっては、道路があっても、自分の意志に基づく移動は保証されない。いくら家族が連れて行くといっても、人は自分の意志だけで行動したい場合が必ずある。三条件を満たせなくなる人は、今後ますます増加すると思われる。前述の新聞投書は、まさにその問題を論じているのである。自由な移動とは「他者の意志の介在なしに、自分の意志だけで行動できる」ことを指すと解釈すべきである。

他者が運転する自動車に同乗する方法によって、物理的には目的地に行けたとしても、それは他者の都合に合わせなければならない移動であり、自由な移動とは言えない。自動車を自由に使えない人は、家族や知人に乗せてもらうにしても、たび重なると心理的な負担が重くなる。そのため、私用の外出はもとより、医療機関へ行くことさえ我慢するといった例[2]も報告されており、それが閉じこもりを招いて健康面でのマイナスの影響を加速させる。

『毎日新聞』は、二〇〇七年四月に「クルマ高齢社会」という特集を連載した。そこには、多くの悲惨な事故の事例が収録されている。たとえば〇二年六月に、七六歳の男性が運転する自動車が、対向車線に飛び出して別の自動車(夫・妻・幼児二人が乗車)に衝突する事故があった[3]。その結果、衝突された側の妻が死亡し、長男(当時一歳)は一命を取りとめたものの下半身に永久障害が残る重傷を負った。直接の原因は、加害者の男性が、有料道路の料金を支払うために小銭を取り出そうとして縁石にぶつかりそうになり、あわてて反対側にハンドルを切り返したために、対向車線に飛び出したとみられている。

加害者側は高齢を理由に寛刑を求め、執行猶予つきの判決が言い渡されたが、被害者側はこれを不服として上告した。控訴審では、加害者の男性が禁固刑の実刑となった。加害者は運転暦四四年で、飲酒やスピード超過の要因もなく、単に「一瞬のわき見」であった。このような状況に対して、一般に刑事罰の意味とされる反省・教育という側面は意味をもたない。二〇〇七年五月には、高名な能楽師(七九歳)が高速道路を運転中に分離帯に激突して、同乗の女性(七三歳)が死亡するという事故も報じられた。戦争を生き延び、あるいは社会的に功績を積んだ人が、一瞬にして交通事故加害者となってその後の人生を過ごすという事態は、実に大きな社会的損失である。

自動車利用の自由と移動の実態

図1―1に、ある地域(青森県平川市、調査当時は平賀町)での調査事例を示す。自動車を自由に使える人と自由に使えない人を比べて、一人あたり一週間の行き先地数を比較すると、移動の自由

の格差が明瞭に示されている。自動車を自由に使える人は、そうでない人の二・六倍の行き先地に出かけている。逆に自動車を自由に使えない人は、住んでいる地域内の移動にとどまっている。外出したい（しなければならない）ニーズそのものは人によってそれほど差がないはずだが、自動車の利用可能性によって、外出を我慢せざるをえない人がいることが推定される。

図1―2は同じ調査から、買い物のための移動の平均移動距離について比較したものである。自動車を自由に使える人は、そうでない人の約二・七倍の距離を移動している。自動車を自由に使えない人は、交通手段が制約されるために、移動の質（この場合で言えば買い物の選択）も制約され

図1―1　自動車の利用可能性と1人・1週間あたりの行き先地数

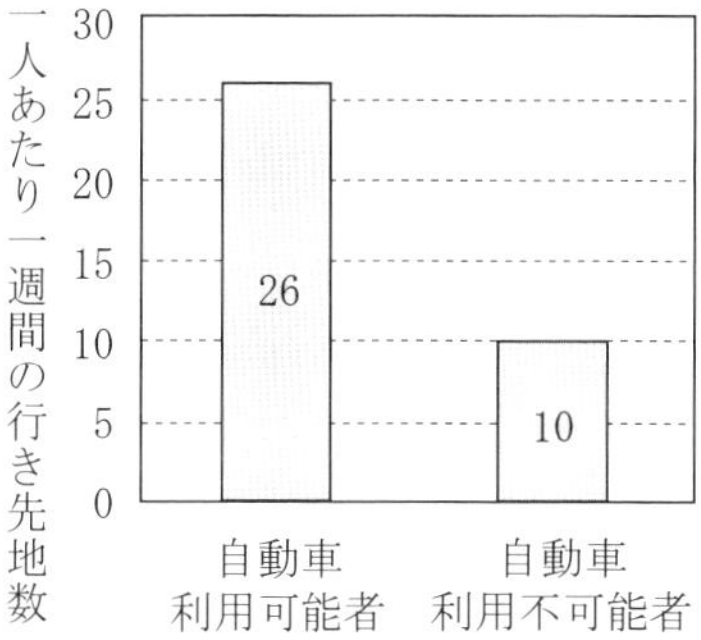

（出典）宮崎耕輔・徳永幸之ほか「公共交通のモビリティ低下による社会参加の疎外状況」『第29回土木計画学研究発表会・講演集』2004年より。

図1―2　自動車の利用可能性と買い物の移動距離

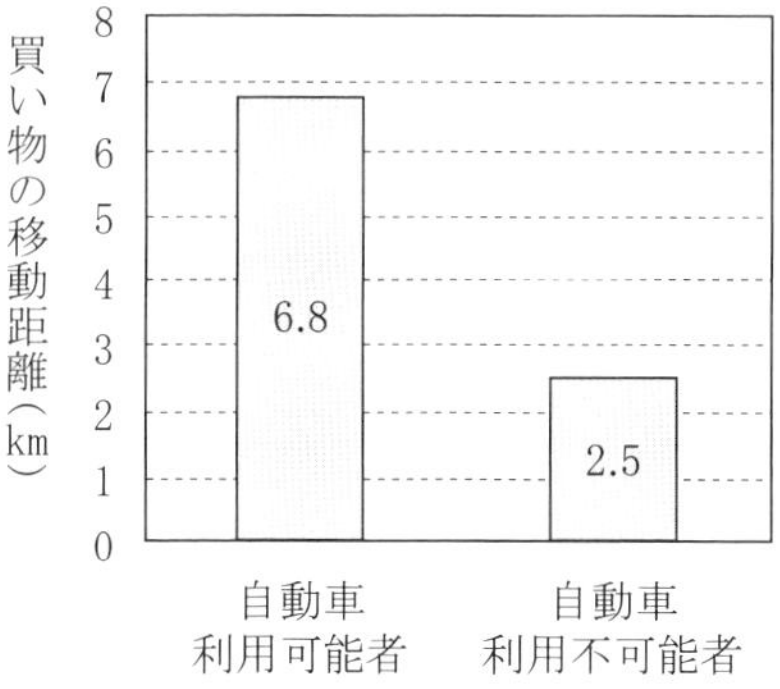

（出典）図1―1に同じ。

る。このように「道路」と「移動の自由」は別の問題であることに注意しなければならない。

また農山村では、専業農林業者は国民年金のみの加入のケースが多く、年金の受給額が低いために、自動車の保有・利用が経済的にも制約されることが多い。こうした地域で自動車を自由に利用できるのは、兼業の結果として国民年金に対して上乗せ分がある厚生年金や共済年金を受給している人に限られるという。

しかも最近では、新たな移動の格差も生じつつある。パートタイマー、アルバイト、契約(派遣)社員、さらにフルタイムで働いても経済的に自立困難な低所得労働者など、雇用形態の変化によって、収入が減少して自動車の保有・利用が経済的に不可能な個人や世帯が増加しつつある。すなわち前述の③の条件を満たせない人びとの増加である。さらに、移動の自由が制約されると、ますます就業の機会・選択が狭められる。いくら道路を整備しても、一方で人びとのモビリティを保証する仕組みが伴っていなければ、社会のあらゆる側面で格差を助長する原因となるのである。

また、一見すると交通と関係ないように思われる要因からも、格差が広まっている。たとえば図1―3に示すように、愛知県豊田市は合併により旧六町村を吸収して、岐阜県境まで連なる広大な市域を形成した。この結果、たとえば旧稲武《いなぶ》町の中心部から新豊田市の市役所までの距離は約四四kmにもなる。

路線バスはあるものの直通路線はなく、途中で別の路線に乗り継がねばならない。しかも、便数が少ないうえにダイヤが接続しておらず、待ち時間を含めて三時間半もかかる。稲武地区で自

図1―3　合併後の豊田市の領域と旧町村からの移動

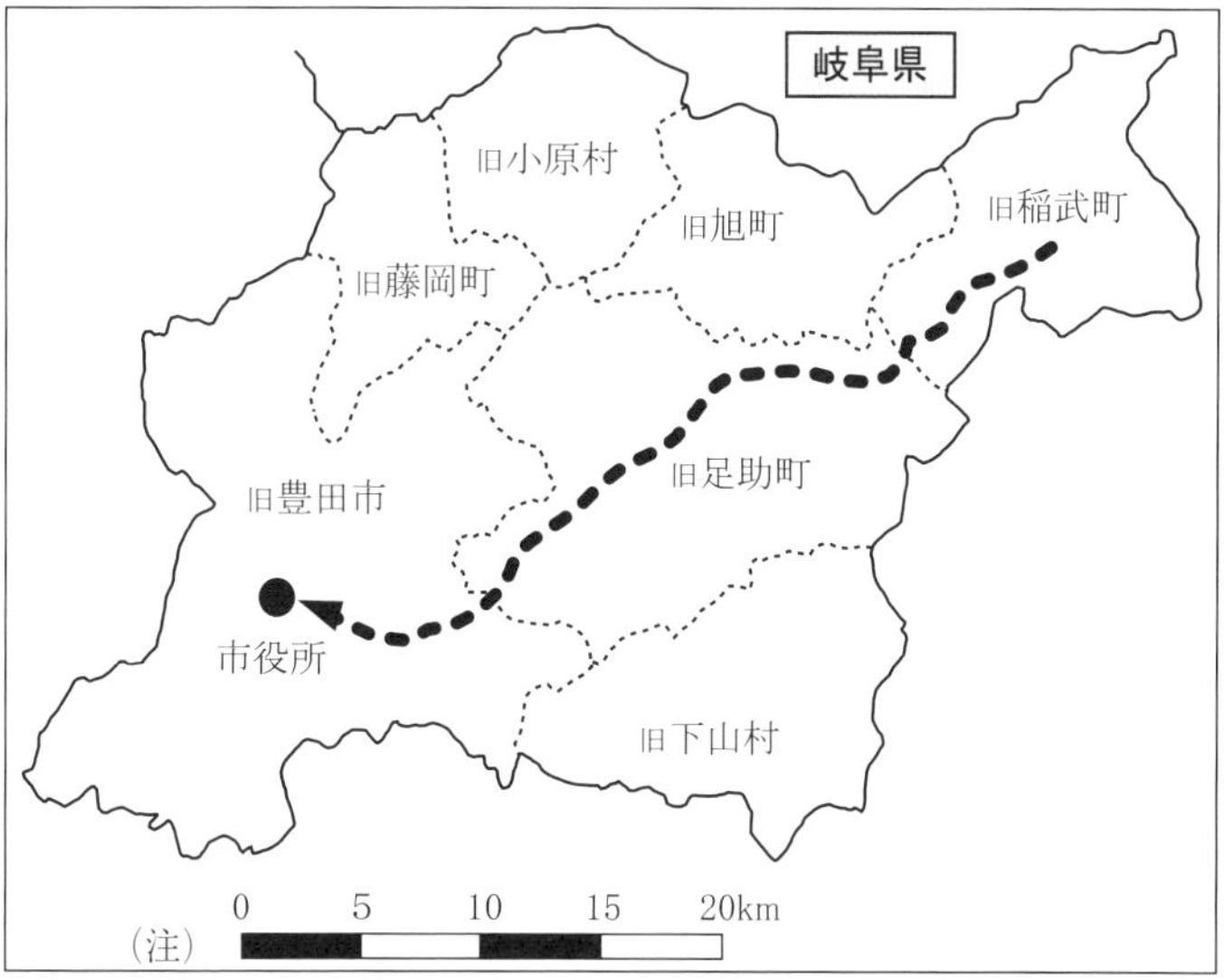

（出典）筆者作成。

動車が自由に利用できない市民は、事実上市役所に日帰りできない。日常必要とする用件は支所（旧町役場）で済ませるとしても、合併した以上、市役所本庁まで行く必要が生じることは避けられない。

このような状況は全国で見られる。地域で登録されたボランティアのドライバーにより、自家用車を有償でタクシー代わりに利用する試みも始まった。しかし、こうした有償輸送が、一方では地域の既存の路線バスの経営をますます圧迫して、路線バスの撤退を加速するのではないかとの懸念が示され、導入をためらう地域も多いという指摘もある。前述の『毎日新聞』連載には、次のような事例が紹介されている(4)。

二〇〇六年一二月に、兵庫県の農山村

図 1―4　地域のスプロール化と健康への影響

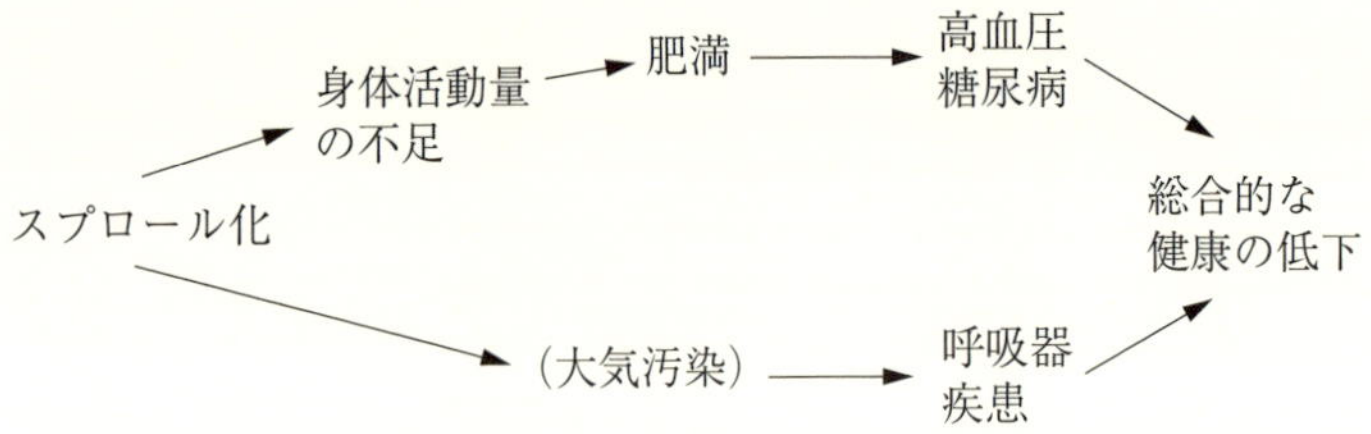

(出典) Alexia C. Kelly-Schwartz, Jean Stockard, Scott Doyle and Marc Schlossberg, Is Sprawl Unhealthy？"*Journal of planning Education and Research*", vol.24, No.2, 2004, p.184 より。

部でひとり暮らしをしている八五歳の女性が外出に不自由しているのを心配して、近所の八二歳の男性が軽トラックに同乗させて医療機関に送った。その帰路に他の車と衝突し、男性は死亡し、女性も重傷を負った。男性が後方をよく確認しないまま左折しようとして、後続車が衝突したものとみられる。女性は助かったものの「頼まなければよかった」という後悔に悩まされているという。

このケースでは、後続車との被害・加害の関係が一瞬にして逆転していたかもしれない。全国で起きているこうした状況に対して、道路整備だけでは何の解決ももたらさない。

自動車依存と健康への影響

自動車への依存は、直接的な交通事故のほかにも、間接的に生命・健康へのリスクを引き起こす。米国の Kelly-Schwartz らは、図1―4のように、都市がスプロール化した地域(人びとが都市内から郊外に移転し、分散して居住する状態)に住む人びとは、移動を自動車に依存するライフスタイルのために、運動不足に起因

図1―5　都道府県別の乗用車依存度と原因別死者数の関係

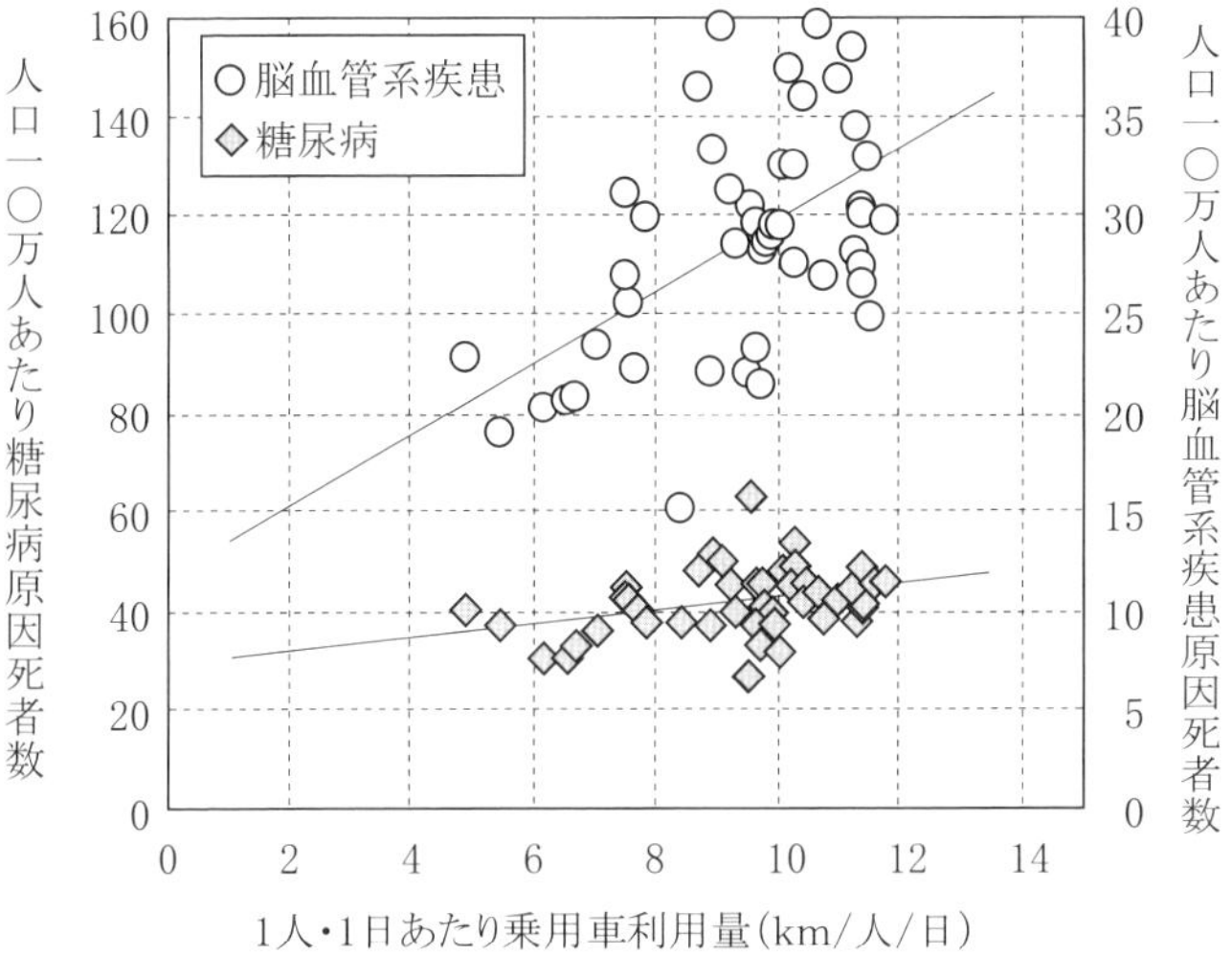

(出典) 乗用車利用量は交通事故総合分析センター『交通統計』より、原因別死者は『人口動態調査』より。

する各種疾患が多く、かつ大気汚染に曝される機会の増加から呼吸器疾患も多いというモデルを仮定し、統計的な検証を行った。

米国の二九の都市で九二〇〇人以上を調査し、年齢・性別・人種・収入・喫煙年数その他の影響因子を補正して整理した。その結果、スプロール化した地域の居住者は、街路のネットワークが発達した地域(歩行の機会が多い)の居住者に比べて、高血圧、糖尿病、呼吸器疾患などの慢性疾患が多いことが確認されている。

また、図1―5は日本での検討を示す。自動車への依存度を表す指標として「一人・一日あたり乗用車利用量(距離)」を定義し、都道府県別に、人口一〇万人あたり原因別の死者数との関係を示したものである。このうち糖尿病と脳血管系疾患の原因について、自動車への依存度との相関が統計的に有意であった。もとより、糖尿病と脳血管系疾患による死者は自動車の利用量がゼロであっても存在するが、自動車への依存度の増加につれて死者数が増加する関係も同時にみられる。

この図だけから、自動車への依存度との間に直接の関係があるとは断定できない。とはいえ、糖尿病や脳血管系疾患の異常と肥満との間には一定の関連性があることが知られているから、何らかの因果関係の存在を示唆するデータであると言えよう。

2　道路整備は交通渋滞を緩和するか

乏しい改善

多くの人は、道路を整備すれば自動車がもっと効率的に使えると期待しているのではないだろうか。しかし、これまで巨額の財源を投入してきた道路整備によって本当に効果があがっているか否かについて、過去の傾向を検討すると、道路整備の効果はきわめて疑わしい。全国の道路交通の実態(車線数や信号など道路の物理的な設備現況、交通量、走行速度、車種など)を一定間隔(おおむね五年おき)で全国一斉に調べる「道路交通センサス」という調査がある(第3章参照)。その最新調査は、本書執筆時点では、二〇〇五年九〜一一月にかけて行われた。

図1―6　全国の道路交通状況の推移と現況

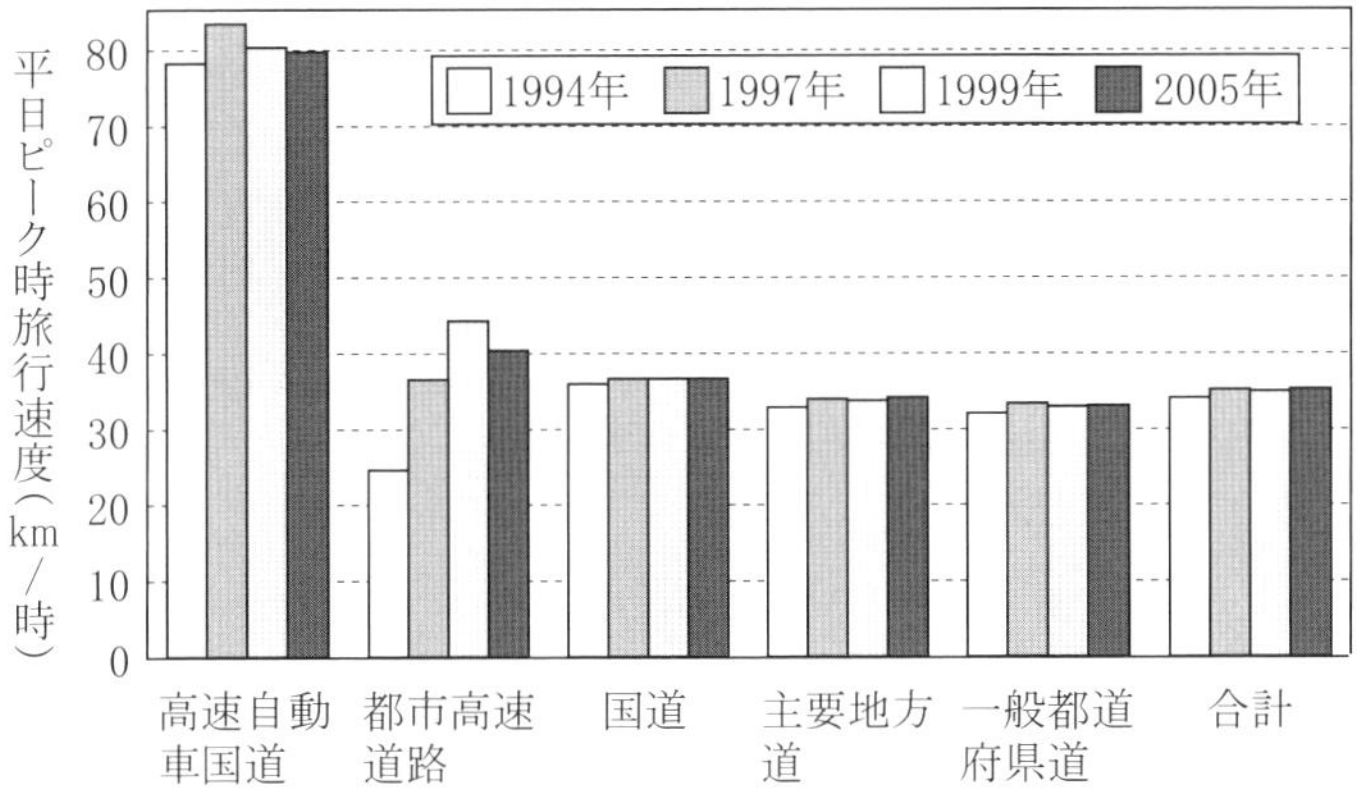

（出典）国土交通省「平成17年度道路交通センサス一般交通量調査結果の概要について」。http://www.mlit.go.jp/road/press/press06/20060630_2/20060630_2.html

図1―6は、一九九四年、九七年、九九年、二〇〇五年すなわち、およそ過去一〇年について「ピーク時旅行速度」の変化を示したものである。なお「旅行速度」とは、渋滞や信号その他による停止状態も含んで平均した実質速度という意味であり、道路利用者側からみた道路のサービス水準を表す指標と言える。また「ピーク時」とは、朝または夕方のいわゆるラッシュ時間帯（七～九時、または一七～一九時）である。

図では、高速自動車国道（一般に「高速道路」と呼ばれる道路）、都市高速道路（首都高速道路、阪神高速道路など）、国道、主要地方道、一般都道府県道と、道路の種類別に旅行速度が示されている。高速自動車国道ではむしろ低下傾向にあり、国道以下の一般道路での上昇もわずかである。全国平均では一九九四年に比べて時速一・二km速くなっており、数字上は若干ながら向上している。だが、道路利用者の実感としては、効果はきわめて乏しいと評価せざるをえないであろう。その一方で、九四～二〇〇五年の間に日本全体で道路に投資された金額の累積は、全体で一五一兆六九〇四億円に達する（表1—1参照）。

表1—1 1994～2005年の道路投資の累積

一般道路事業（自動車関係諸税を財源とする特定財源）	68兆7566億円
有料道路事業（料金収入と借入金）	33兆358億円
地方単独事業（地方自治体の一般財源と、部分的に道路特定財源の地方譲与分）	49兆8980億円
合　計	151兆6904億円

（出典）道路経済研究所・道路交通経済研究会『道路交通経済要覧平成18年度版』2007年。

なぜ効果がないのか

なぜ、巨額の投資に対して効果が乏しいのだろうか。道路整備による混雑緩和という観点を重視するなら、必要性が高いのは都市部である。しかし、都市部では、局部的な整備にも多くの費用と時間がかかる。逆に建設が比較的容易な農山村部では、もともと混雑がみられないか、あったとしても程度が軽く、そもそも道路整備の必要性が低い。自動車の通行量が多いところほど道路が造りにくく、逆に交通量が少ないところほど道路を造りやすいという矛盾した関係がある。

道路を造りやすい地域でいくら道路予算を使っても、全国的な渋滞の緩和という面では効果が乏しい。逆に道路整備をまったくやめてしまっても、全国平均の旅行速度という指標からみれば、状況はほとんど変わらないとも考えられる。

図1—7は、この関係を長期的にみたものである。最近三〇年あまりの期間について、全国の道

図1—7　道路容量と自動車走行量の推移

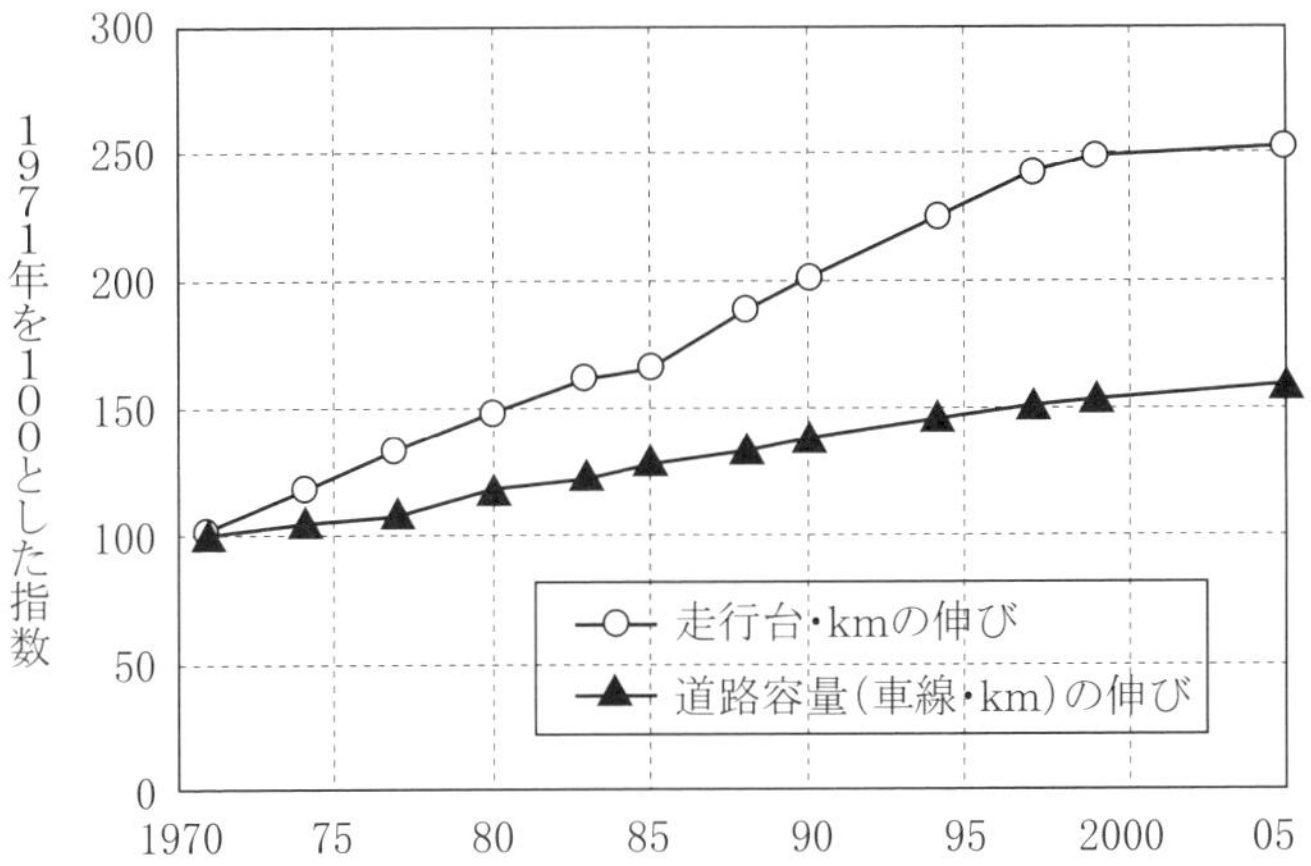

（出典）表1—1に同じ。

路容量(車線・km)、すなわち自動車交通を処理する道路の能力の推移と、自動車走行量(台・km)の増加の経緯を、それぞれ一九七〇年を一〇〇として比較した。

道路の整備状況は、道路の長さ(延長距離)で表されることが多い。しかし、同じ長さの道路でも車線数などによって交通量を処理する能力が異なるので、道路の長さ(整備延長)だけでは、道路の処理能力の指標として充分でない。このため、車線数と道路の長さを乗じて「車線・km」として表した「道路容量」という指標を用いている。なお、統計はセンサス対象道路(第3章2参照、詳細な道路交通状況が定期的に調査されている比較的主要な道路)である。

約三〇年間で道路容量が約一・五倍増加したものの、自動車の走行量はそれを大きく上回り、約二・五倍に増加している。よく知られるように、揮発油税（通称「ガソリン税」）、軽油引取税、その他の自動車関係の諸税のうち特定財源分の大部分が道路整備に充てられている。自動車の走行量と燃料消費量は、日本全体としてはおおむね比例関係にある。言いかえれば、自動車の走行量の増加に応じて道路の整備を行うことができる仕組みが用意されているにもかかわらず、自動車の走行量の増加率のほうが圧倒的に大きかったため、道路整備が追いつかなかったのである。

3　道路整備は環境を改善するか

道路整備と環境の関係

自動車交通量の増加と、それに追随した道路整備が進展した反面、環境対策は常に後手に回ってきた。たとえば一九六五年に名神高速道路が全通（小牧〜西宮）した時点では、自動車排気ガスに関する規制がまったく存在せず、一部の項目（一酸化炭素のみ）で規制が開始されたのは六九年である。また、六九年に東名高速道路（東京〜小牧）が全通した時点では、自動車の騒音に関する規制もまったく存在せず、騒音の環境基準が設けられたのは七一年である。

このように環境対策が遅れるなか、道路に起因する公衆の被害が続いてきた。提訴から一一年かかって、二〇〇七年八月に和解に到達した東京大気汚染訴訟もその一つである。報道では「全面解決」との見出しも使われたが、失われた人命・健康は戻ってこない。また、法律的に決着がついたことと、われわれが吸っている大気が実際にきれいになることの間には、物理的に何の因果関係もない。具体的な対策は、まだこれからである。

道路交通に起因して発生する環境問題は多岐にわたる。大別すれば、道路そのものの建設に起因する問題と、道路上を自動車が走行することによる問題の二種類がある。前者は、道路建設による生活圏の分断、生態系の攪乱、地下水系の攪乱（長大トンネル上部での井戸涸れや水涸れ）などである。後者は大気汚染、騒音・振動、地球温暖化（気象災害）、水質汚濁などである。

とくに後者については、それぞれ現象が異なるもののメカニズムは共通している。すなわち、環境に負荷を及ぼす物質（騒音については音のエネルギー）が個々の自動車から排出され、それをある地域（広くは地球全体）について合計した総量によって影響が左右されるという関係である。これを模式的に表すと図1―8のようになる。

環境の状態は、①の環境負荷物質の排出総量により左右される。その総量は、②の自動車一台あたり排出量と、③の自動車の総走行距離を乗じた量として決まる。さらにそれぞれの要素を分解すると、②の自動車一台あたり排出量は、④の自動車単体の対策・性能（燃費の改善や排気ガス浄化装置など）と、⑤の道路交通の状況（渋滞など）の関係により決まる。一方、③の自動車の総走行距離は、⑥の自動車保有台数と、⑦の自動車一台あたり利用回数と、⑧の利用一回あたり走行距離の三要素を乗じた量として決まる。

図 1—8　環境負荷物質の排出量を左右するメカニズム

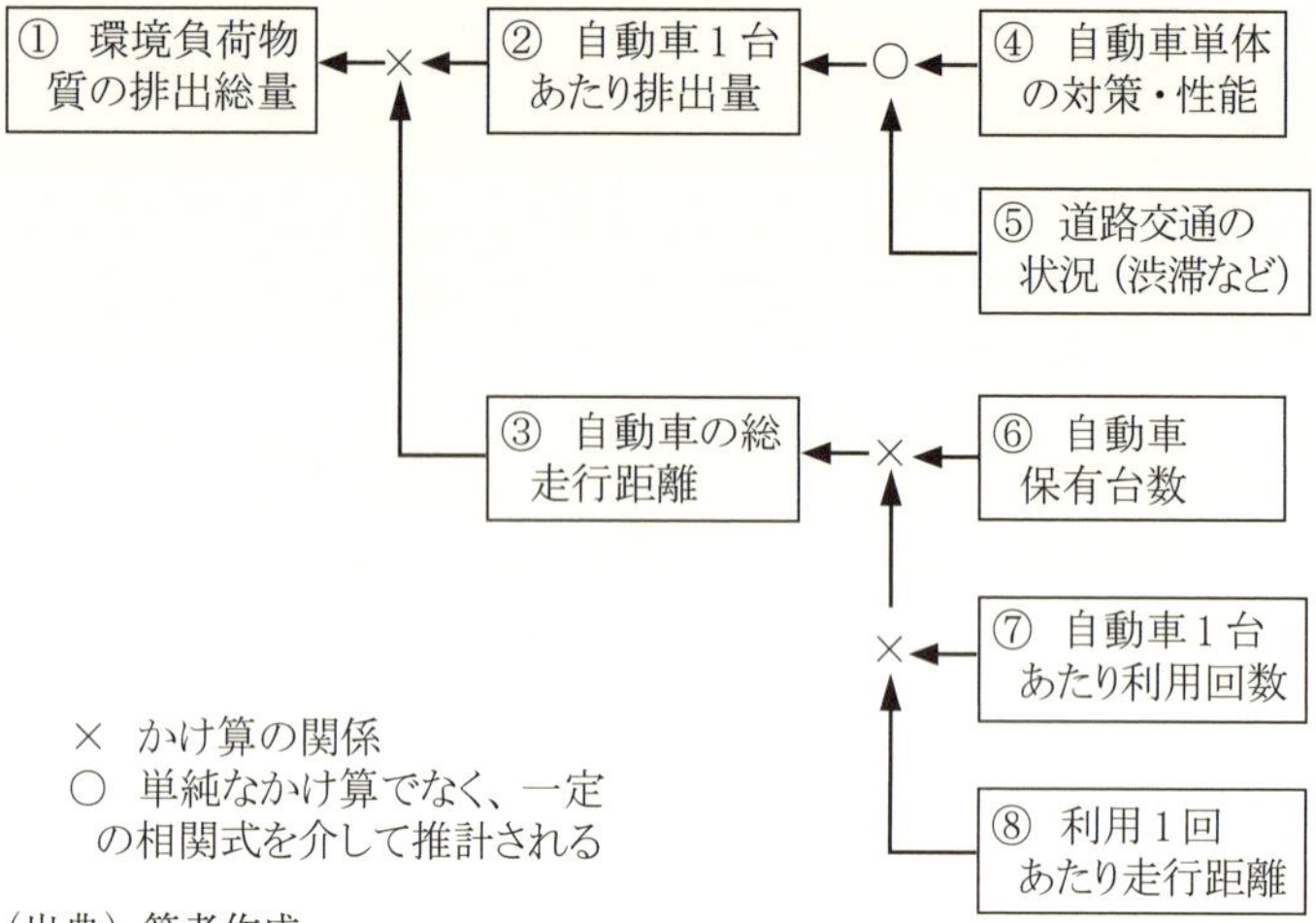

（出典）筆者作成。

このように、自動車に起因する環境負荷物質の排出総量は、複合的な要素により影響される。したがって、ある一つの要素のみに注目して環境を改善しようとしても、他の要素がそれを打ち消す逆の方向に作用すると、全体としての効果は期待できない。

たとえば②と③の関係でみると、②の自動車一台あたり排出量が減ったとしても、③の自動車の総走行距離が②の減少分を上回って増えると、全体として環境の改善にならない。実際のところ、自動車交通に関して地球温暖化の原因となる二酸化炭素（CO^{2}）が増加してきたのも、大気汚染の改善が停滞しているのも、②より③が上回っていることが原因である。

走行速度の向上と環境改善

「道路の整備は、環境対策としても有効である」

図1─9　大型トラックの平均走行速度とCO_2・PM排出量

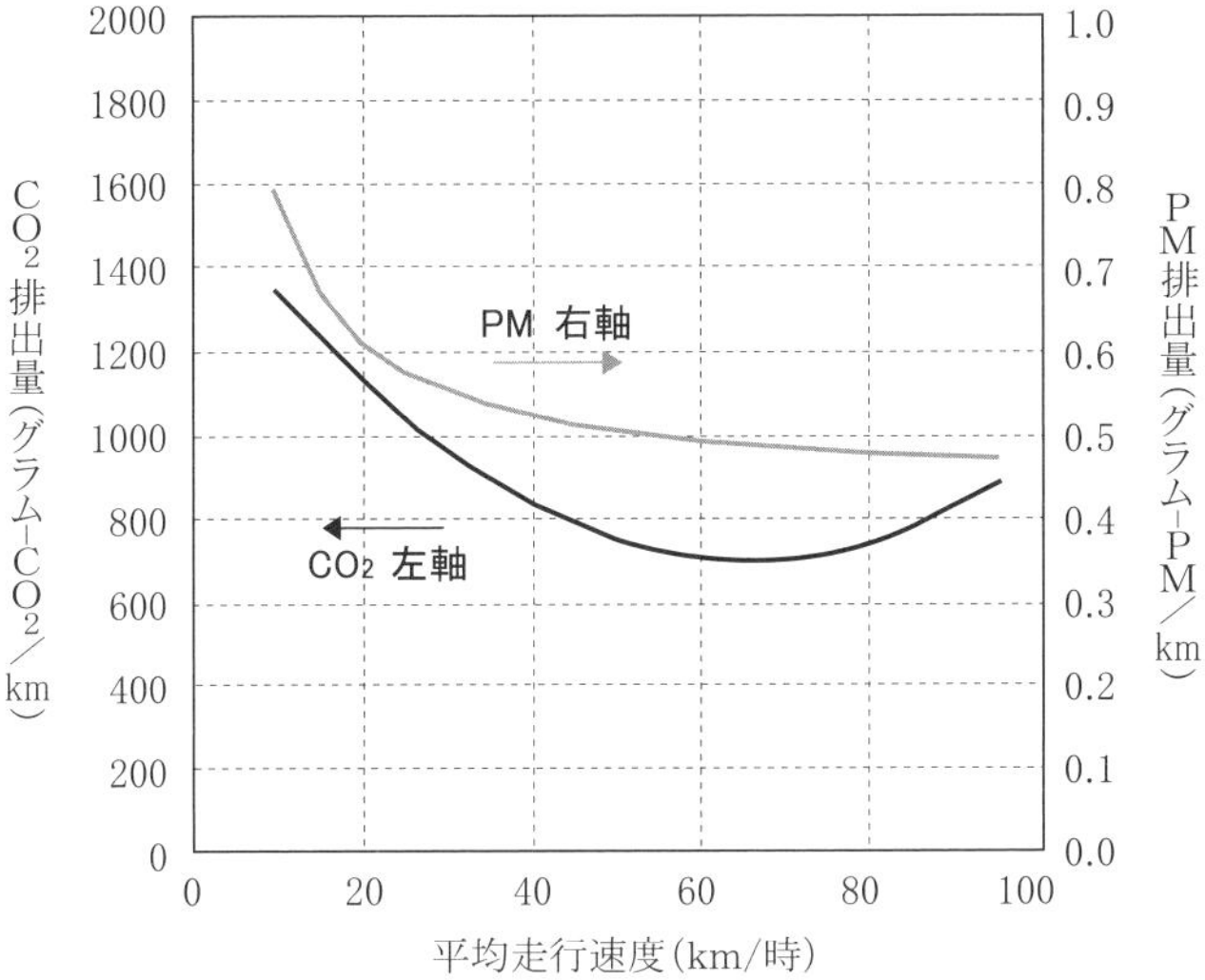

(出典) 数理計画「自動車排出ガス原単位及び総量算定検討調査」平成16年度環境省委託業務結果報告書より作図。

と言われる。これは図1─8でいう⑤にあたる。

たとえば大型トラック一台あたりでみると、平均走行速度とCO_2および粒子状物質(PM)の排出量(走行一kmあたり)の関係は図1─9のようになる。CO_2排出量は時速六〇km前後が最小で、速度がこれより高くても低くても増加する。また、PMは速度が低いほど増加する。そして、いずれも時速三〇～四〇kmより低いと排出量が急激に増加する傾向がある。したがって、道路の整備により平均走行速度を向上させられれば、自動車一台あたりでは環境負荷物質の排出量が低減できることになる。

ところが、現実にはそう簡単ではない。図1─6(一二三ページ)と表1─1(一二四ページ）に示すように、この一二年間で、日本全体として一五一兆六九〇四億円をかけて、平均で時速一・二kmの速度向上がみられたにすぎない。一方、図1―9に照らして考えると、この程度の変化では自動車一台あたり排出量の改善としてはごくわずかな割合である。いま全国平均で時速三五km程度の走行速度を、環境の改善に目立った効果があるほど向上させる見込みは、ほとんどないと考えるべきであろう。

さらに、道路の整備が行われると、一時的には道路の流れがスムースになることもあるが、周辺から交通が集中してきて渋滞が元に戻ってしまう現象が多くの場所で観察されている。すなわち、一時的に図1―8（二八ページ）の②（自動車一台あたり排出量の低減）が達成されても、すぐに③（自動車の総走行距離の増加）の逆効果が出現して、全体の改善は打ち消される（この現象は「誘発交通」といわれ、第4章でくわしく取り上げる）。いずれにしても、CO_2（地球温暖化）にせよ大気汚染にせよ、道路整備に依存しただけで改善される問題ではない。

道路を整備するほど温暖化を加速する

通常、道路の整備水準の高さは、生活の利便性・快適性の高さを示す指標と考えられている。しかし一方で、通勤・買い物・そのほか生活に必需的な移動を自動車に依存せざるをえない都市構造をつくり出す影響もある。その結果、住民一人あたりの自動車利用の距離と回数が増加するため、地域全体としてのCO_2排出量が増加する。

図1─10　住民1人あたり道路面積と年間旅客（人の移動）CO_2 排出量の関係

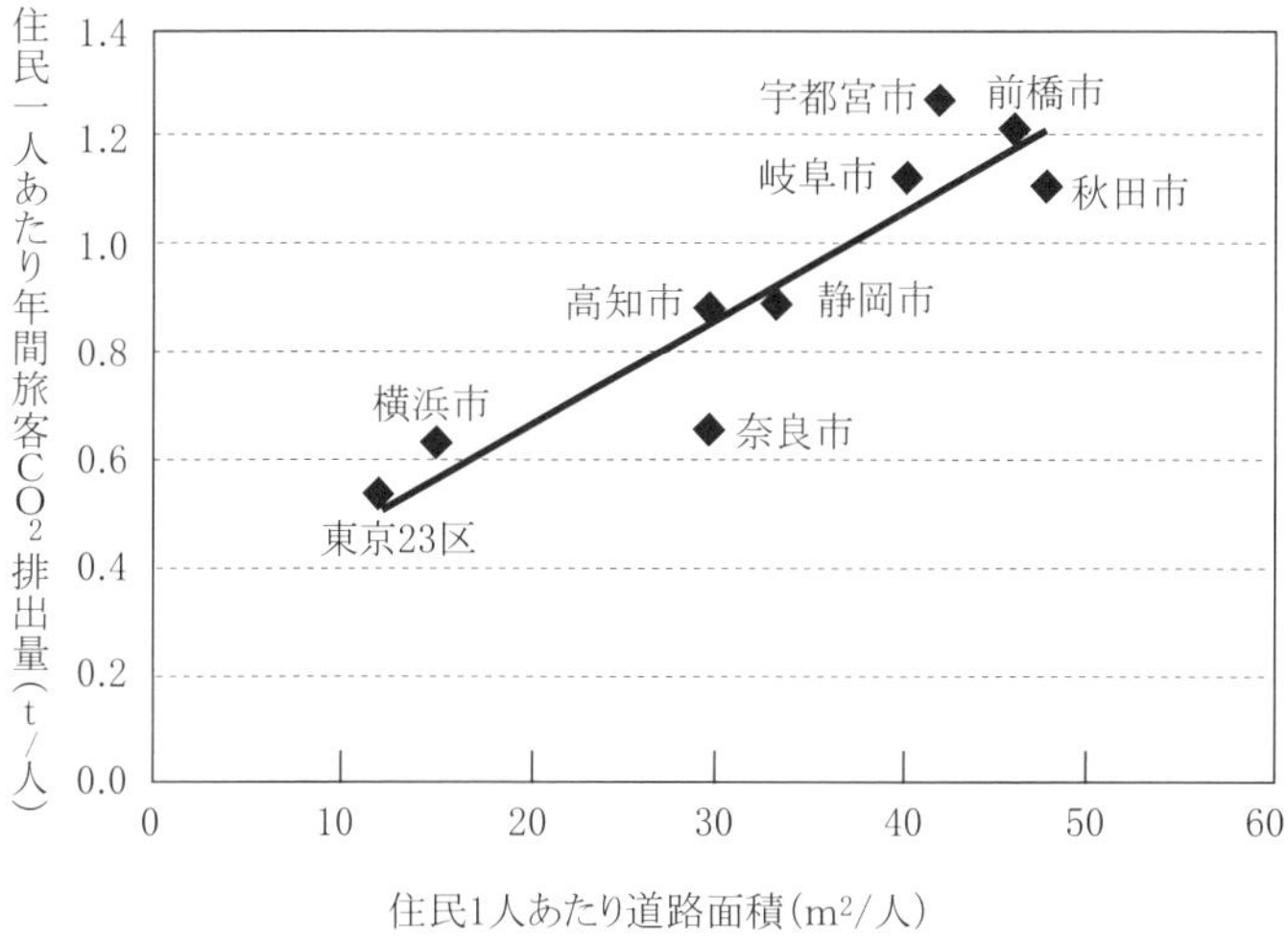

（出典）環境省「地球温暖化対策とまちづくりに関する検討会」報告書（2007年3月）、環境省ホームページ http : //www.env.go.jp/council/27 ondanka-mati/yoshi 27.html

この関係を図1─8にあてはめて説明すれば、⑦の自動車一台あたり利用回数と、⑧の利用一回あたり走行距離がともに増加し、双方のかけ算でCO_2の排出量が増加する。全国の県庁所在地において、住民一人あたりの道路面積と年間CO_2排出量を比較した結果が図1─10である。道路が多い地域ほど排出量が多いという傾向が現実に示されている。

もし自動車一台あたりの利用回数と、その利用一回あたりの走行距離が同じであれば、自動車の燃費の改善によってCO_2の発生量が減少する。ところが現実には、道路が整備されて自動車が走りやすくなると、その分だけより多く自動車を使うという

図1—11　旅行速度と自動車1台あたり年間走行距離

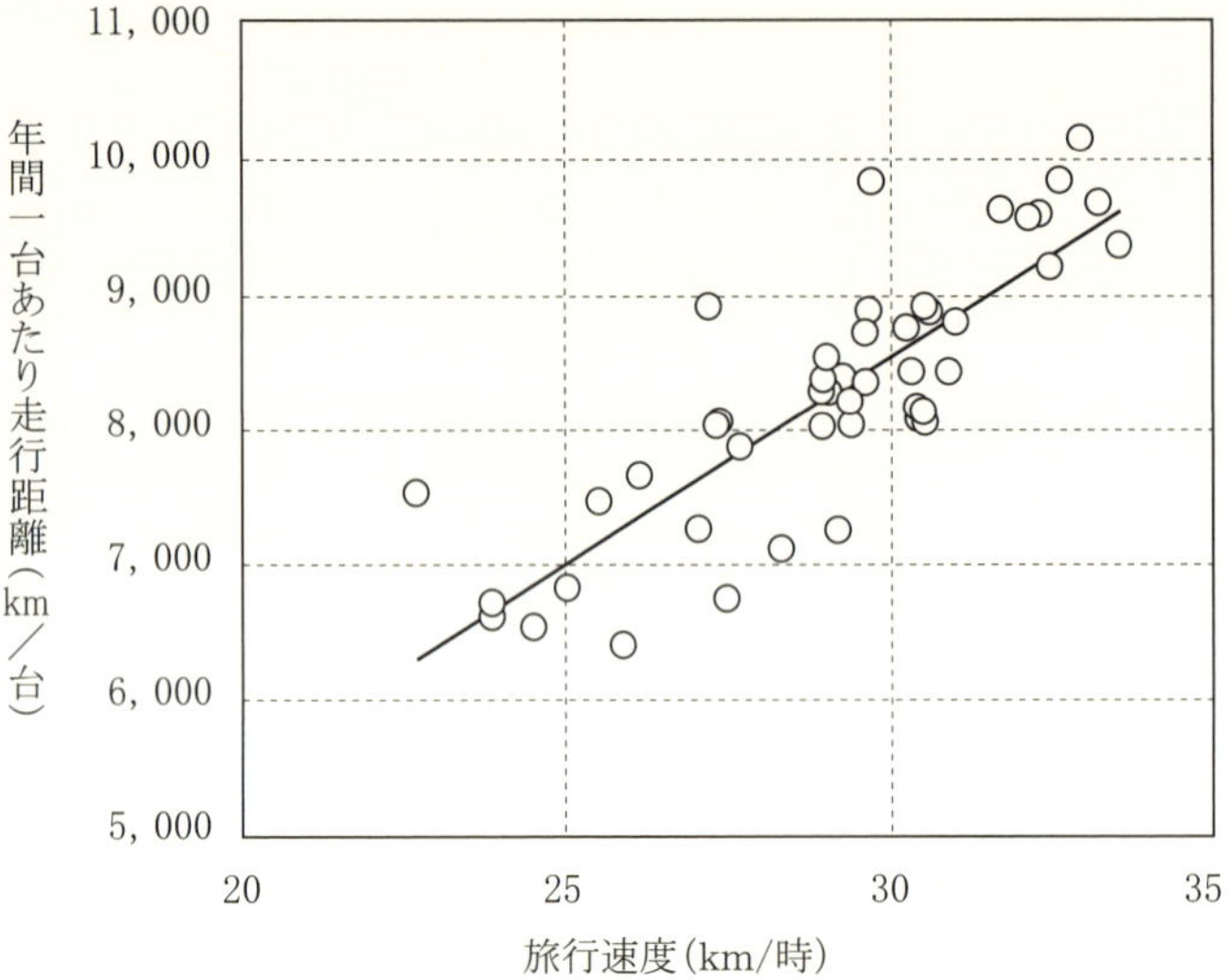

（出典）図1—10に同じ。

現象が起きる。

図1―11は、国内の自治体ごとに、その地域の平均旅行速度と、自動車一台あたりの年間走行距離を統計的に整理したものである。たとえば旅行速度が時速二五kmから三〇kmに向上した場合、自動車一台あたりの年間走行距離が約二二%増加する現象がみられる。一方で、旅行速度が時速二五kmから三〇kmに向上することによって燃費が改善（一kmあたりのCO_2発生量が減少）されるが、その割合は九%である。双方の差し引きとして走行距離の増加の影響のほうが上回るので、この面からも道路を整備するほどCO_2の発生量の増加を促す関係が指摘される。

4　道路整備は交通事故を防止するか

手詰まりの交通事故対策

多くの人は、日常生活で多少なりとも交通事故の危険性を感じているであろう。交通事故といっても、ドライバーとして、あるいは歩行者・自転車としてなど異なるかかわり方があるが、道路整備による交通事故の防止という観点では次のような施策が考えられる。

①歩道（自転車道）を整備して、自動車と歩行者（自転車）の干渉を避ける。

②道路（おもに住宅街）の構造を歩行者（自転車）優先に改良する。近年行われるようになった「くらしのみちゾーン事業[5]（旧・コミュニティゾーン事業）」など。

③信号の新設、信号のサイクル変更、車線の変更などの工夫で、自動車同士あるいは自動車と歩行者（自転車）の錯綜を避ける。

④自動車専用道路を整備して、自動車交通をできるだけ移行させる（少なくとも、自動車と歩行者・自転車の接触は回避される）。

⑤交差点を立体交差化して、交差点における相互の干渉（右折・左折）を避ける。

⑥道路の拡幅、中央分離帯の整備、急曲線の緩和、見通しの改良など、道路そのものの規格を

図1―12　自動車走行距離1億kmあたり事故件数の推移

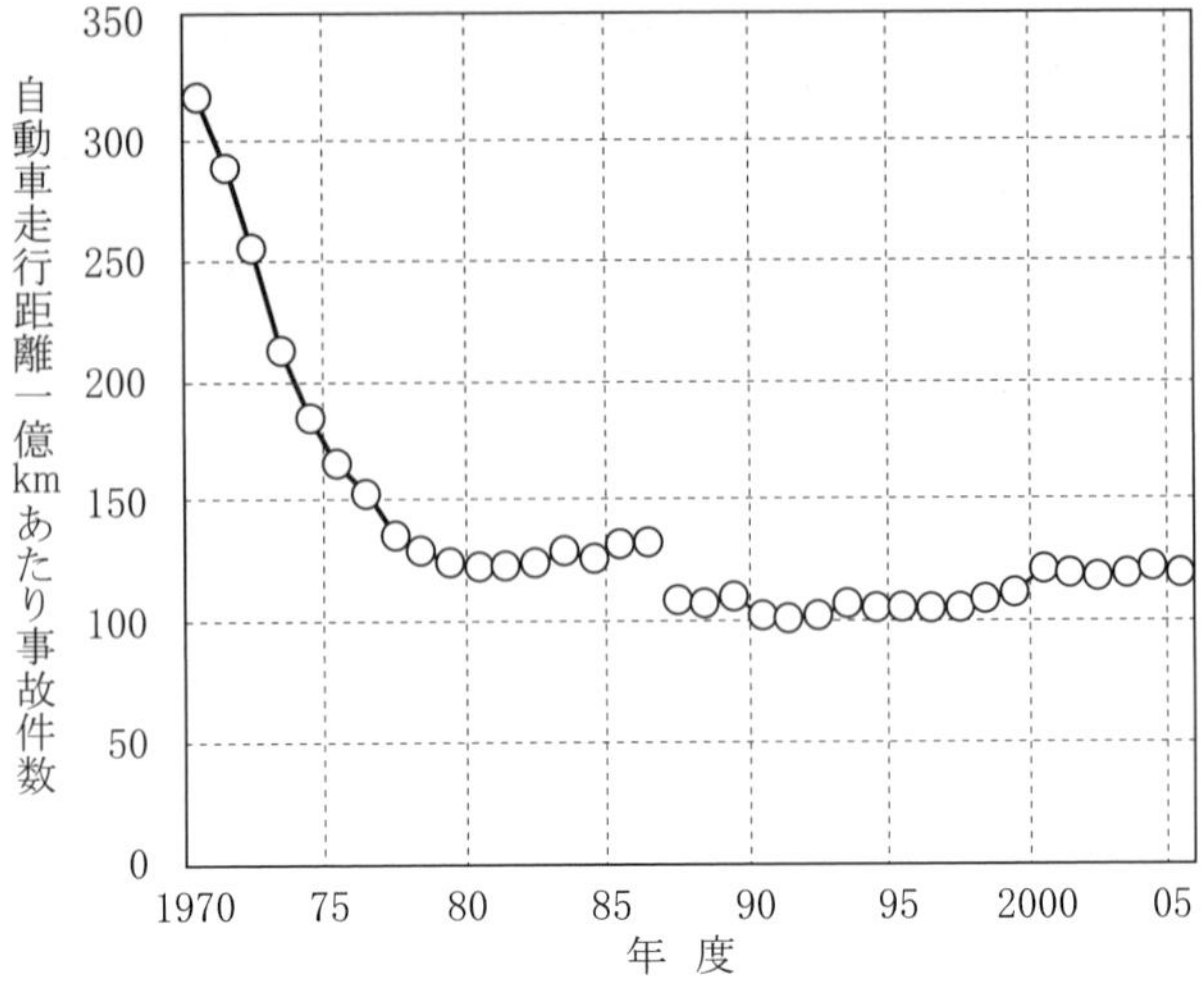

(出典) 交通事故総合分析センター『交通統計』各年版。なお、1987年の段差は、軽自動車の走行統計が追加されたための見かけ上のもの。

向上させる。

⑦天候・災害などに関する情報提供を充実させる。

⑧人間の注意力に依存しない自動運転システムを普及する。

⑧は空想的で、いつになるかわからない話なので除外しよう。①〜⑦の施策は局部的・一時的には有効と考えられるが、国内全体として総合的に交通事故を減少させる効果が期待できるかどうかは疑問がある。

図1―12は、自動車の走行距離あたりの交通事故件数の経年変化を示す。「第一次交通戦争」と呼ばれた一九七〇年代以後に数字が急速に改善され、八〇年代後半に自動車(ここでいう自動車は全車種を含む)の走行距離一億kmあたりおよそ一〇〇件

図1―13　都道府県別の自動車走行距離と交通事故死者数

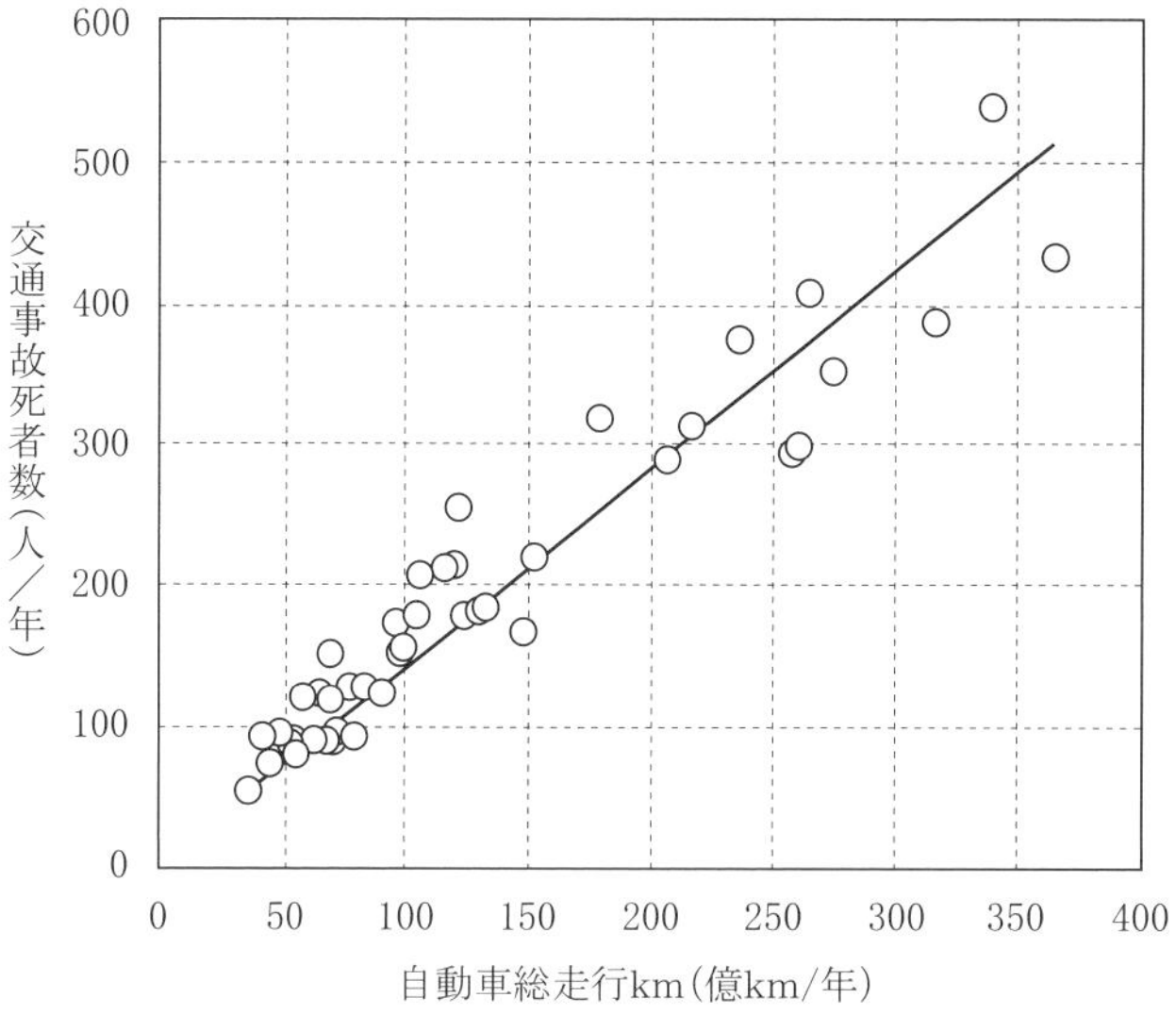

(出典) 交通事故総合分析センター『交通統計平成12年版』より作図。

程度に低下した。しかし、その後の改善は手詰まりとなり、二〇〇〇年前後からは微増傾向に転じている。走行距離あたりの事故件数が一定とすれば、自動車の総走行距離が増加すると、それに比例して事故の総件数が増える関係になる。

自動車走行量に比例する交通事故死者数

図1―13は、全国の都道府県別に自動車の走行距離と交通事故死者数の関係を示した。双方は明確に比例関係にある。仮に、道路の整備によって生活道路から通り抜け交通を排除したとしても、その自動車交通が別の場所に移動しただけであれば、交通事故が位置的に移動するにすぎない。図1―10(三一ページ)、図1―11(三二ページ)に示すように、道路整備が自

動車交通の増加をいっそう促す影響があることを考慮すれば、道路整備は交通事故を減少どころか増加させている可能性もある。

また最近、飲酒運転が厳しく非難されているが、飲酒運転による交通事故死者数は、この図のデータのばらつきの範囲内程度の少数にすぎない。個人に対する罰則をいかに強化したところで、自動車走行量が増加しているのであれば、道路全体としてのリスク低減にはならない。むしろ、個人の責任のみを強調することによって、自動車に依存した交通体系にかかわる本質的な問題から関心を遠ざけているのではないかとも懸念される。

報道[6]によると、飲酒運転常習者のなかにはアルコール依存症、すなわち本人の自覚に期待するだけでは対処が困難な疾患である者が高い確率で含まれることが、アルコール依存症の専門機関と警察の共同調査によって判明した。このため、飲酒運転の防止に「治療」の観点を加える方向で検討が行われる予定という。しかし、すでに二〇〇二年にはそれを指摘する論文[7]が発表されている。もっと先行して科学的対策を講じておけば、より早期に飲酒重大事故[8]の対策が進展していたのではないかという疑問を感じる。

5　費用と財源

ユーザーの非負担分

自動車に関する税金が高すぎるという意見、あるいは負担した税金・料金（有料道路）の割に、渋滞解消など道路交通サービスの改善効果が乏しい、地域的配分に不公平があるのではないか、といった疑問がたびたび示されてきた。たとえば自動車用の燃料に賦課される税金（揮発油税や軽油引取税）は、少なくとも二〇〇二年以前は全額を道路整備に用途を限定して使われていたにもかかわらず、渋滞が解消されている実感が乏しい。また、地域的な配分として、交通量の多い地域や渋滞の激しい地域の改良がなかなか実施されない一方で、交通量が少なく、道路整備の必要性が乏しい地域で道路の新設が安易に行われているのではないかという疑問も提示される。

いずれにしても多くの自動車ユーザーは、自分たちが道路整備に関して過大な負担をしていると考えているのではないだろうか。しかし、それは事実の誤認である。たしかに自動車関係の諸税はそのまま道路整備に充てられているが、それでも道路投資の全体額を賄っておらず、自動車ユーザーが負担していない分がそのほかに存在するからである。

日本の道路投資全体の内訳とその負担（二〇〇六年度）は、国と自治体を総合して表1−2のよう

表1—2　道路財源と負担の状況

特定財源(利用者負担分)	5兆7882億円
一般財源(一般の税金から。地方道が主)※	1兆8752億円
有料道路の収入(利用者負担分)	2兆3598億円
有料道路の借入金(将来にわたる借金)※	3兆7523億円
その他	1327億円
合　計	13兆9082億円

(註) ※はユーザー非負担分。
(出典) 表1—1に同じ。

に構成されている。全体の一三兆九〇八二億円のうち、特定財源と有料道路料金は道路の利用者が負担しているが、その割合は五九%にとどまり、その他の項目は道路の利用者が負担しているとはいえない。とくに有料道路事業は、二兆三五九八億円の収入に対して四兆六九八六億円を債務の返済に使っており、不足分は「借金返済のために借金している」状態が民営化後のいまも続いている。その借金を自動車ユーザーは負担していない(くわしくは第2章)。

また、有料道路を除く一般道(料金を徴収しない道路)は、税金の使い切りで整備されていると思われている。だが、ほとんどの場合、整備費用の一部が地方債の起債、すなわち借金で賄われている。ただし、その一定部分は地方交付税で補填される。

地方交付税は、自治体の財政力に偏り(大都市と農山村など)があるために、全国どこでも一定水準の行政サービスの提供が可能となるように、国が不均等を補正することを目的として設けられた制度である。人口が多い大都市や、有力な企業が立地しているなどの条件で一定基準を超える財政力を有する自治体には、交付されない。一九九〇年代までは国が地方交付税を利用した公共事業を奨励する傾向にあったが、二一世紀になってから一転して、構造改革路線によって地方交付税は削減方向にあり、自治体の財政は苦しくなってきた。さらに、地方交付税の税源そのものが、国の隠れ借金として積み上がっていることも指摘されている[9]。

地方債の償還には都道府県・市区町村の税金が充てられており、地方財政上は「公債費」として集計される。したがって、道路の費用として意識されることが少ないが、やはり道路利用者が負担していない分である。いずれにしても、道路利用者が道路整備に関して必要な費用よりも過大な負担をしているという認識は誤りである。

日本の自動車関係の諸税は高くない

自動車関係の諸税が海外と比較して高すぎるという指摘もよく見受けるが[10]、これも誤りである。図1―14は、日本のいわゆる大衆車クラスについて、各国の主要都市でそれを保有し、平均的な使い方をしたと想定した場合、自動車の取得段階(購入したときにかかる税金)・保有段階(毎年定額でかかる税金)・使用段階（主として燃料関係の税金）について、走行一kmあたりの費用を、購買力平価(各国の為替レートと物価水準で補正した同一の基準)として比較したデータである。取得段階には日本でいう自動車取得税、保有段階には自動車税・自動車重量税、使用段階には燃料関係の課税(揮発油税・軽油引取税など)が相当する。

自動車の取得制限を目的として高額課税を実施しているシンガポールは例外だが、その他の国

図1−14　各国（都市別）の大衆車クラスの税負担の比較

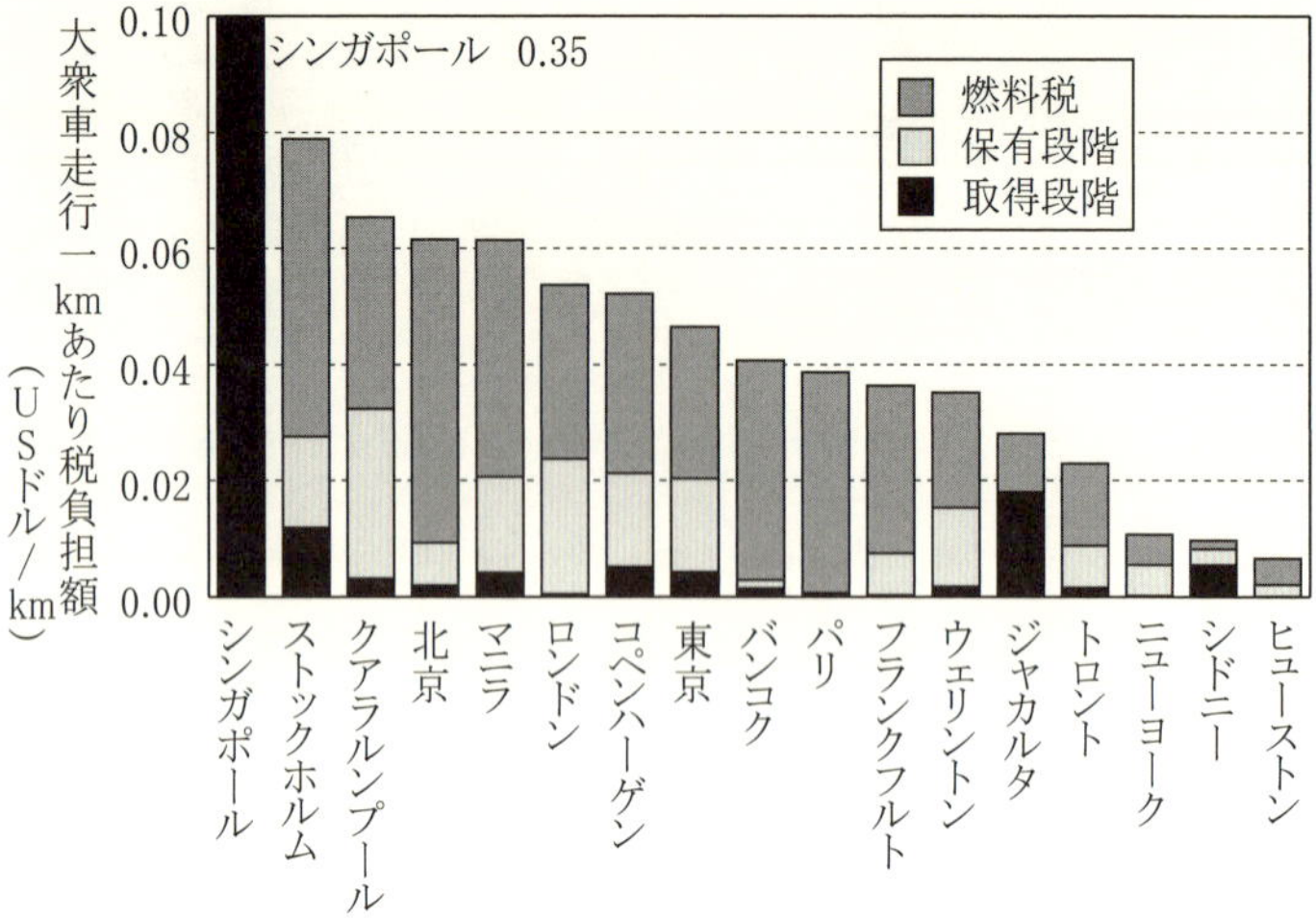

（出典）廣田恵子・ジャックポート「環境負荷削減のための自動車関連税」『第20回エネルギーシステム・経済・環境コンファレンス講演論文集』2004年1月、589ページ。

と比較して走行kmあたりに換算してみると、日本の自動車関係の諸税は高くない。とくに議論の対象とされる燃料関係の諸税については、海外と比較して大差なく、むしろ安い。

米国（ニューヨーク、ヒューストン）やオーストラリア（シドニー）が例外であって、そのために、原油の値上がり以前には、ガソリン一ℓで二〜三kmしか走らない大型レジャー用車が人気を博していたのである。こうした国との比較は合理性がない。自動車関連業界・団体から常に提起される「日本の自動車関係の税金は高すぎる」というキャンペーンは、事実誤認に基づくものである。

それどころか、自動車の利用が、ますます道路整備の必要性をもたらす。仮に税負担を減少させたら、日本の自動車関係の諸税は、米国とオーストラリアを除く先進国のなかでもっとも安い部類に属することになるが、そうなれば自動車の利用が促進され、さらに道路整備が必要となる。一方で、税負担の減少によって税収が減るから、相対的にますます道路財源は足りないという関係に陥る。やがて、社会保障費などを減らしても財源を道路に回せという政治的圧力が強まることは必至である。自動車のユーザーが税負担の軽減を望むのなら、できるだけ自動車に依存しない交通体系を構築する政策を支持することが、もっとも合理的な選択である。

6　日本の道路整備は遅れているか

ワトキンスの呪縛

終戦後間もない一九五六年に、米国から「ワトキンス調査団」が来日し、報告書で次の言葉を残した。

「日本の道路は信じがたい程に悪い。工業国にして、これ程完全にその道路網を無視してきた国は、日本の他にない。日本の一級国道―この国の最も重要な道路―の七七％は舗装されていない。この道路網の半分以上は、かつて何らの改良も加えられた事がない。道路網の主要部を形成する、二級国道及び都道府県道は九〇ないし九六％が未舗装である。これらの道路の七五ないし八〇％

が全く未改良である。しかし、道路網の状態はこれらの統計が意味するものよりももっと悪い。なぜならば、改良済道路ですらも工事がまずく、維持が不十分であり、悪天候の条件の下では事実上進行不能の場合が多いからである[11]」

これ以後、日本の道路関係者は「日本は道路が足りない」という思い込みに囚われ、地理的・社会的状況に合わない、米国型の自動車交通体系を持ち込むことに熱中するようになった。それでも一九五〇~七〇年代までは、経済の復興と成長に合わせて道路を整備する一定の必然性があったが、現在では防災面などを除き、さらなる道路整備の理由は失われている。

本来の交通計画上の必要性とかけ離れた道路建設が、政治面・経済面での既得権の維持のために続けられてきた。合理的な道路計画(たとえば、複数の案を検討して費用対効果の高い区間を優先するなど)について、誰が責任を有しているのか明確なルールもないままに、慣習的な手続きの繰り返しとして道路整備が行われているにすぎない。

道路整備の指標

この関係を別の指標でみてみよう。日本の道路政策では、ある時期まで「舗装率」「改良率」など物理的な設備状況を指標にしてきた。一九八〇年代からは、これに加えて「整備率」が指標に加えられている。整備率とは、道路の物理的な設備状況のほかに、ある区間における交通量と道路容量との比率を示す指標である。舗装率、改良率、整備率の定義は次のとおりである。それぞ

表1—3　道路種類別の整備状況

区分	整備率	改良率	舗装率	歩道設置率
	%	%	%	%
一般国道(指定区間)	54	100	100	69
一般国道(指定区間外)	64	84	99	51
一般国道	60	91	99	59
主要地方道	59	75	98	43
一般都道府県道	51	59	95	30
都道府県道	55	66	96	36
国・都道府県道	56	73	97	42
市町村道	55	55	76	8
計	55	58	79	13

(出典) 表1—1に同じ。

れの指標の現状を表1—3に示した。

①舗装率――道路実延長(渡船区間や他の道路との重複区間を除いた物理的な道路距離)のうち、舗装されている比率。

②改良率――道路実延長(同前)のうち、道路構造令(道路の幅員、曲線、勾配、舗装の強度など技術的な基準を統一する政令)に適合するように改良済みの道路延長の比率で、車道幅員が五・五m以上のもの。

③整備率――改良済みの道路延長から、混雑度一・〇以上の延長を除いた道路延長(混雑度とは、計画上の交通容量、すなわち他車の干渉を受けず、おおむね自由に走行できる計算上の交通容量に対する、実際の交通量の比率)。

整備率をみると、国道でもおおむね五〇～六〇%前後である。この数字を根拠として、整備水準は満足すべき状態にあるとはいえないとする説明[12]

がある。しかし、整備率の定義は③のように、改良済み（一定の規格以上に整備した道路）のうち混雑度が一・〇以下の区間の比率である。これを現実に即して考えると、道路を改良するほど自動車の通行が便利になり、より多くの自動車が通行するようになるから、いくら道路を整備しても数字上の整備率は上がらない。

すなわち、整備率を指標として「整備の水準は満足すべき状態にあるとはいえない」と評価するのであれば、交通需要が増え続けるかぎり、際限なく道路を拡張し続けなければならないという循環に陥るのであって、道路整備の現状を合理的に表す指標とは言えない。こうした整備率による説明は、政府のなかからも「日本の道路整備は、すでに一定の量的ストックは形成された」という見解が示されるようになった[13]現状に対応して、さらに道路整備を推進するために別の名目が必要になったという背景から生じたものと考えられる。

なぜ「遅れている」と感じるのか

多くの道路利用者は「常に道路工事が続いているのに、いっこうに渋滞が解消されない」という実感から、「道路の整備が遅れている」と感じているように思われる。だが、なぜ遅れていると「感じられる」のかを検討する必要がある。

道路計画の専門家でなくても、道路整備を行うとすれば、「交通状況を科学的・実態的に分析して、必要な区間で実施する」「費用対効果を分析して、効果の高い区間から優先的に実施する」といった基準によるべきであると考えるであろう。それ以外の基準としては、防災対策・過疎地対策も納得できる理由である。ところが、現実の道路整備は、巨額の財源を投入しながら、そうした合理的基準に従って行われていない。なぜ、そのようなことが起きるのだろうか。

結論からいうと、納税者に明快に説明できる合理的基準は存在しない。田邉勝巳氏（運輸政策研究機構）らは、こう分析している。

「道路特定財源がどの地域にどの程度支出されているか、そして何を基準にして配分されているのか、その因果関係はよく分かっていない。これは、受益と負担の関係が不透明であるだけでなく、道路整備の評価について外部から判断することが困難であることを意味する」[14]

国内の道路全体を合わせて九兆二〇九六億円（債務返済を除く事業分、二〇〇六年度）のお金が道路整備に使われている。ところが、「どこに・どれだけ」「誰が・どうやって」という根拠が専門家でさえ「よく分かっていない」とは、驚くべきことである。

田邉氏らは、因果関係を論理的に分析する代わりに、道路整備の決定要因として考えられるいろいろな要素を仮定して、都道府県道を対象に統計的な分析を試みている。巨額の予算が、国から自治体まで各段階の議会で予算・決算の手続きを経て執行されているにもかかわらず、その客観的根拠が不明なために統計的に分析せざるをえないという実態そのものが奇妙な話であるのだが、田邉氏らの分析からは示唆に富む結果が得られている。

意外にも、地理的要因（面積、気象など）は、道路投資額を決定する要因として相関関係が希薄であった。これに対して、政治的要因の指標として「自民党得票率」には有意な相関関係がみられた。また、都道府県が管理する道路建設事業に国の補助率が高い事業が多く、政治的要因がより多くの補助事業を都道府県にもたらしているとの結果が得られた。結局、道路投資を決定する要因の強さとして、国庫支出金が六六%、自民党得票率が一六%となり、双方で全要因の八割以上を占めていた。

要するに、「どこに・どれだけ」「誰が・どうやって」について科学的な基準があるわけではなく、まったく別の要因で決定されているのである。現実に即して考えるならば、道路を利用する多くの人びとが「いつも渋滞しているから拡幅してほしい」「事故がよく起きるから改良してほしい」と要望したとしても、それを客観的・総合的に評価して優先度を決めるような仕組みは存在しない。いかに「国庫補助金を引っ張ってくる」か、逆に「補助金のついた道路から実施する」といった要因を主として、事業が実施されているのである。

他の公共事業にも共通する弊害であるが、戦後の復興期から高度成長期を経て現在まで、公共事業の進め方が過度に定型化・慣習化されてきた。一部の行政組織の幹部や担当者の手続きだけで、計画をいったん始動すると止められない仕組みがつくられていることの影響が大きい。

ほとんどの道路整備は、形式的には議会の承認を経ているために、現行法上では市民の意見を聞く機会を設けなくても違法性を問えない。多くの自治体議会が本来の機能を発揮せず、形式的承認機関に近くなっていることにも原因がある。しかし、高度成長期のように、ともかく道路を整備すれば大多数の国民にとって広範かつ均質な便益がもたらされた時代は終わり、「選別する」「やめる」決断が必要な時代になっている。にもかかわらず、制度面がこれに対応できていない。

7　都市の持続性と道路整備

自動車に依存した社会のメカニズム

道路の整備と自動車の普及は表裏一体である。それに伴って、都市の郊外への拡散（住宅・職場・商業・公共施設などの郊外移転）が起きる。自動車を利用できる者にとっては何の問題もないように思われるが、その一方で、高齢者など自動車を利用できない人びとは、生活に必需的な買い物や医療・行政サービスの利用さえ困難をきたすようになる。結果として、道路の整備と自動車の普及が、都市とそこに住む人びとの暮らしの持続性を妨げる側面も有している。

図1―15に、それらのメカニズムを示した。それぞれの要素を結ぶ矢印は因果関係を示し、矢印の起点が「原因」、終点が「結果」を示す。また、矢印に付された＋は正の因果関係（原因と同じ方向に結果が影響される）を、－は逆の因果関係（原因と逆の方向に結果が影響される）を意味する。

たとえば②（道路容量）と③（自動車の魅力）の関係は、②（道路容量）が増えると、道路が走りやすくなり到達時間が短くなるので、③（自動車の魅力）が増大する。しかし、逆作用もあり、③（自動

図1—15　道路と交通の因果関係図

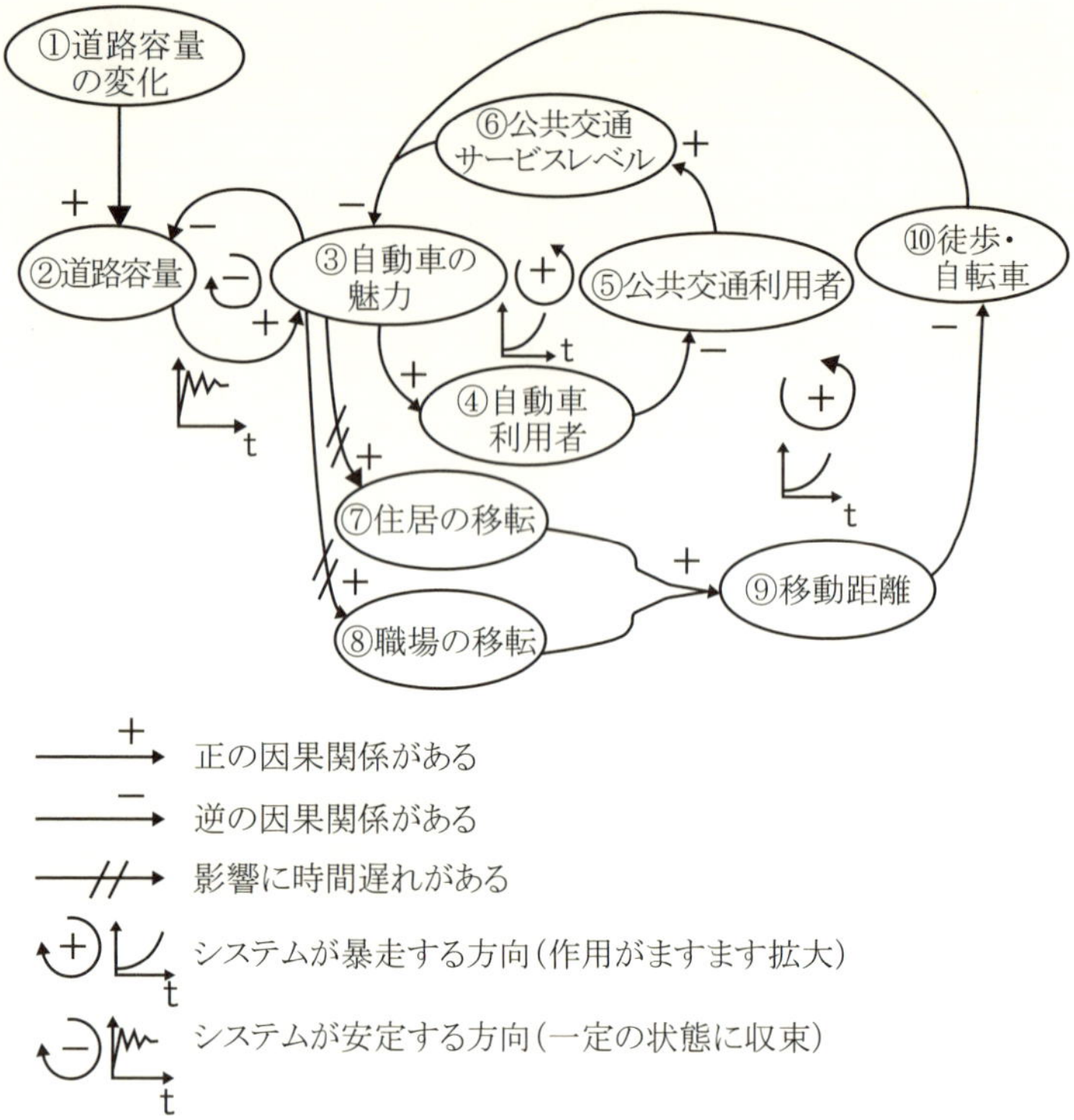

（出典）中村英夫・林良嗣・宮本和明編訳著『都市交通と環境――課題と政策』運輸政策研究機構、2004年、270ページ（原資料 Emberger, G.E., A. D. May and S.P. Shepherd, Method to Identify optimal land use transport policy packages, Proc. 8 th Internetional Conference in Computers in Urban Planning and Urban Management, Sendai, 2003）より。

車の魅力）が増大すれば当然ながら道路を走行する自動車が増えて、②（道路容量）が足りなくなるので、自動車の魅力の増加は抑えられる。この相互作用は、ある時間が経過すると一定レベルに収束する。この動的な関係を示すのが波型のグラフ記号である。

これらの多くの因果関係が同時に平行して作用する結果、④（自動車利用者）は増える一方で⑤（公共交通利用者）は減り、それが⑥（公共交通サービスレベル）を下げ、相対的に③（自動車の魅力）を高める。一方、③（自動車の魅力）が高まると、郊外部への⑦（住居の移転）・⑧（職場の移転）を増加させ、それにつれて⑨（移動距離）も増加するので、⑩（徒歩・自転車）では対応できなくなり、ますます③（自動車の魅力）を高めることになる。

③→④→⑤→⑥のシステムと、⑦・⑧→⑨→⑩→③のシステムは、逆C型のグラフ記号で示すように、いったん始まると、原因と結果が互いに促進し合って暴走する特性をもつ。これが、自動車に依存した社会が形成されてきたメカニズムである。

自動車依存と都市経営

首都圏・京阪神圏を別として、全国の県庁所在地あるいはそれより小さい都市では、図1―15のメカニズムにしたがって、人口集積地の人口密度が低下している。このように市街地の拡散が続いていくと、地図の上では市街地が存在するように見えても、公共交通が成り立たなくなり、五〇ページの写真のように、商店街はシャッター街と化す一方で、郊外にロードサイド店が立ち並

中心部のシャッター街(清水省吾氏撮影)

郊外のロードサイド店(清水省吾氏撮影)

図1—16　人口密度と都市施設の維持費用

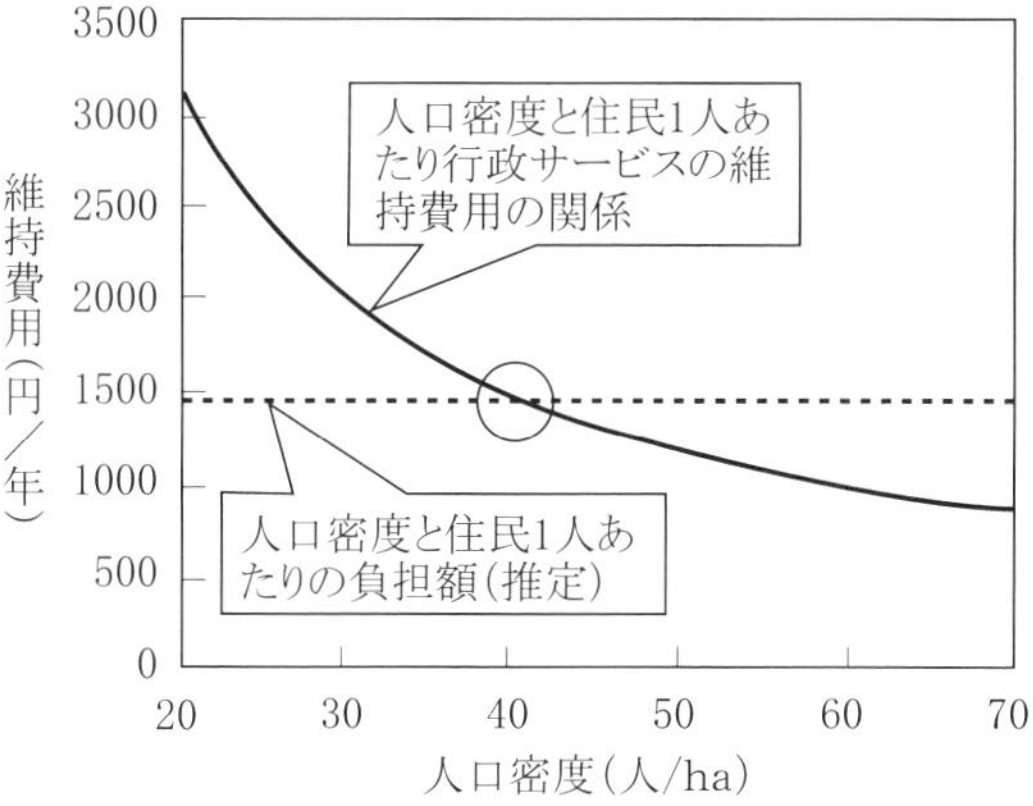

(出典) 環境省「第6回地球温暖化対策とまちづくりに関する検討会」資料(2006年6月)。

ぶという「人の顔が見えない街」になってしまう。しかも、こうしたロードサイド店は、業績が低下すると撤退する例もみられ、郊外にさらにシャッター街が出現する事態も起きている。

　自動車で郊外の大型商業施設に買い物に行くライフスタイルが普及し、多くの都市で中心部の活気が低下し、商店や飲食店などの不振が目立ってきた。住民が日用品を買うにも支障をきたすようになった地域さえみられる。郊外型の施設は、その地域の人口や購買力に対しては過剰な規模であるが、市町村の行政区域と関係なく、周辺数十kmの範囲を商圏として想定し、自動車の利用を前提として計画されている。しかし、郊外開発を進めると、逆に中心部の地価下落を招き、かえって都市全体の固定資産税収を減収させる影響もある。地方の歴史・文化基盤が失われ、景観の均質化を招くこと、自動車依存度が高い地域ほど交通事故も多いことなども、関連した影響である。

　都市の郊外化は行政コストを増大させる影響もある。図1—16は、環境省の「地球温暖化対策とまちづくりに関する検討会」で富山市から提示されたデータである。都市施設の維持・更新（除雪、道路清掃、街区公園管理、下水道管渠管理）費用について、人口密度が低くなると、同じ住民数に対して管理すべき面積や距離の割合が増加する関係を示している。一方で、住民一人あたりの負担額は一定とすれば、人口密度が一haあたりおおむね四〇人以下になると、行政側が費用の持ち出しになる。

（1）「七〇過ぎた夫が無謀運転」『読売新聞』二〇〇六年八月七日。
（2）金持伸子「特定地方交通線廃止後の沿線住民の生活（続）〜北海道の場合」『交通権』第一〇号、一九九二年、二二ページ。
（3）『毎日新聞』二〇〇七年四月四日。
（4）『毎日新聞』二〇〇七年四月一一日。
（5）国土交通省ホームページ「くらしのみちゾーン」。http://www.mlit.go.jp/road/road/yusen/michizone/index.html
（6）『読売新聞（夕刊）』二〇〇七年七月二〇日ほか各社報道。
（7）小畑文也「飲酒運転常習者としてのアルコール依存者に関する研究」『交通安全対策振興助成研究報告書』一七巻、佐川交通社会財団、二〇〇二年、八七ページ。
（8）二〇〇六年八月二五日に、福岡市で飲酒運転の乗用車が別の乗用車に追突し、追突された側の乗用車が海中に転落して、同乗していた三人の幼児が死亡した。

（9）地方交付税で肩代わりされる地方債には利子がかかっており、さらに地方交付税の財源の償還も実際には借金になっていることから、「二重の利子」とも呼ばれる。
（10）たとえば、日本自動車工業会『二〇〇二日本の自動車工業』二〇〇二年、四五ページ。
（11）いくつか訳例があるが、日本交通政策研究会『道路整備の経済分析』（日交研シリーズA―三八〇、二〇〇五年、一二ページ）より引用した。
（12）国土交通省道路局企画課『道路統計年報二〇〇三』全国道路利用者会議、二〇〇三年、一一ページ。
（13）社会資本整備審議会道路分科会中間答申「今、転換のとき～よりよい暮らし・経済・環境のために～」二〇〇二年八月。
（14）田邉勝巳・後藤孝夫「一般道路整備における財源の地域間配分の構造とその要因分析―都道府県管理の一般道路整備を中心に―」『高速道路と自動車』二〇〇五年一二月号、二五ページ。

第2章 道路とおカネ

1　おカネの流れの基本

政策とは「おカネの流れ」

道路に限らず、政策の三要素として「おカネ」「組織」「仕組み（制度）」があげられる。なかでも、おカネの流れをどのようにコントロールするかが重要である。それを決めて実行するメカニズムが、政策論議のほとんどを占めると言っても過言ではない。毎年巨額の道路投資が行われているが、計画の決め方や、事業の効果、財源の配分をめぐって、さまざまな疑問が提起されている。これらを考えるにあたって、まず「おカネの流れ」が手がかりとなるであろう。

おカネの流れの基本は、当然ながら収入（財源）と支出（事業費・使途）である。まず収入については、国内の高速道路と一般道路を合わせた道路全体で、大別して①道路特定財源、②一般財源、③有料道路収入、④借入金の四種に分けられる。

①道路特定財源

揮発油税（通称「ガソリン税」）・軽油引取税・自動車重量税が代表的である。燃料の使用や自動車の保有に対して課税されるもので、使途は原則として道路整備の関連事業に特定されている。特定財源については段階的に一般財源化する方針が示される一方で、一般財源化に対する反対もある。

②一般財源

文字どおりふつうの税金を源とするもので、おもに都道府県・市区町村が担っている。

③有料道路収入

高速道路会社や地方道路公社[1]が経営する高速道路事業からの収入を源とする(高速道路以外に、局所的な有料道路もある)。

④借入金

有料道路事業のために財政投融資や民間金融機関から借りて調達する財源。借金だから、もちろん元利の返済が必要である。

他に細かい項目もあるが、おもなものはこの四つであり、それぞれの比率をおおまかに表現すると、①が四〇%、②が一五%弱、③が一五%強、④が三〇%である。いずれも二〇〇六年度の数字だが、比率は毎年おおむね変わらない。

次に支出は、一般道路の事業費に約五五%、高速道路の事業費に約一〇%、高速道路の債務返済費に約三五%が配分されている。高速道路の道路延長距離は、全国の道路延長距離の一%にも満たないが、支出の一五%が高速道路に使われている点が注目される。

高速道路は、一般道より曲線や勾配を緩くする必要があり、平均して車線数も多いうえに、盛土・トンネル・橋梁を多用するために、一般道にくらべて距離あたりの建設単価が高くならざる

図2―1　道路事業全体の財源・使途　　(単位：億円)

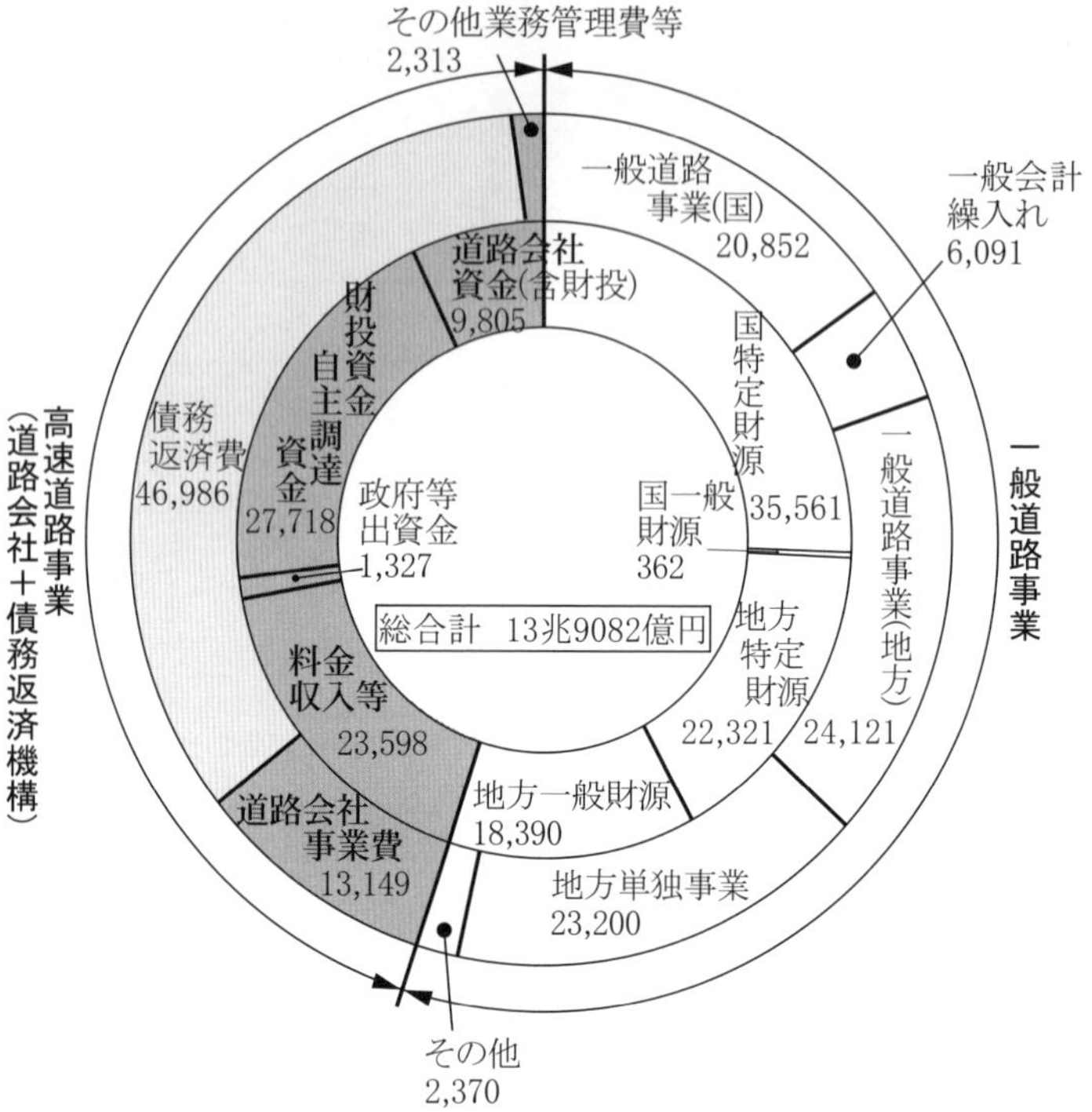

(注) 内側の円が財源、外側の円が使途である。
(出典) 道路経済研究所・道路交通経済研究会『道路交通経済要覧』平成18年度版より作図。

をえない。しかし、その条件を勘案しても、日本の道路投資は高速道路に偏っているといわざるをえない。また、一般道を含む道路関係予算の総支出の三五％は、実際の道路としての社会資産にはならずに、債務の返済に充てられている。これは驚くべき多さである。

一般道のうち、六〇％強が国の直轄事業および地方に国庫補助金を交付する事業で、残りの四〇％弱が都道府県・市区町村が独自に行う事業である。なお、二〇〇三〜〇六年度の期間のみに特有の項目として「一般会計繰入れ」という項目がある。これは、特定財源の一部を一般財源扱いとして本州四国公団の債務返済に充てた分などである。〇六年度は六〇九一億円となっている。

以上のおカネの出入りを総合的に示したものが図2—1である。

高速道路のおカネ

一般に「高速道路」と通称されている道路には、道路会社(旧道路公団)がおもに建設費を負担する区間や、国・都道府県・道路会社が分担して建設費を負担する国道扱いの自動車専用道路の区間などが混在している。構造上の規格や制限速度などの通行規制も、一様ではない。地方都市間の高速道路では「暫定二車線」[2]として、本来の高速道路の規格を備えず(中央分離帯がないなど)、制限速度も一般道路なみに抑えられた区間もある。しかし、一般の利用者は、こうした定義上の区分を明確に意識せず、自動車専用(歩行者・自転車の通行を認めない)で、信号がない道路を総称して、「高速道路」と呼ぶ場合が多いと思われる。

いずれにしても高速道路は、通行料の収入で建設・運営される独立採算制となっている。だが、実態は正常ではない。たとえば二〇〇六年の実績では、高速道路事業として六兆二四四八億円の財源があるが、そのうち料金収入は二兆三五九八億円しかなく、その他はいわゆる借金である。支出では、正味の事業費は一兆三一四九億円のみで、四兆六九八六億円が債務と利子の返済に充てられている。見方を変えると、料金収入のうち本来の道路事業費に使われる割合は六割程度にすぎず、残りは債務の返済にまわされている。それでもとうてい足りないので、不足額はさらに借金で借金の返済に充てている状態である。

ここで近年の大きな変化として、道路関係公団の民営化と債務返済機構について説明する必要があるだろう。

債務返済機構の正式名は、独立行政法人日本高速道路保有・債務返済機構であるが、以下では債務返済機構と表記する。よく知られるように、累積債務や非効率な経営を問題として、二〇〇一年を中心に旧道路公団の民営化が議論された。その結果、旧公団は、道路の建設・運営を主とする高速道路会社部分と、道路資産の保有や債務の返済を主とする債務返済機構の二つに分離された。表面的な形態としては、旧国鉄の分割民営化による民営会社（ＪＲ）の設立と清算事業団に似ているが、実態はかなり異なる。

これらは二〇〇五年一〇月に設立され、道路会社としては東日本高速道路・首都高速道路・中日本高速道路・西日本高速道路・阪神高速道路・本州四国連絡高速道路の六社（正式名称は「株式会社」が付く）となった。なお、国土交通省自体が直轄する事業もあるので、高速道路事業者は全部で七事業体となる。一方、債務返済機構は、旧道路公団の債務を引き受けるとともに、道路資産を保有し、高速道路会社に貸し付けて貸付料の支払いを受ける。これまでに累積した債務は二〇五一年までに完済する計画が立てられているが[3]、その実現性は不明である。

道路会社と債務返済機構の関係を図2─2に示す。ここで「貸付料」とされるのは、高速道路の料金収入であり、道路会社を素通りして債務返済機構に支払われる。道路会社が建設のために借り入れる債務も、やはり道路会社を素通りして債務返済機構に帰属する。道路会社が民営化以前に保有していた道路資産、および今後建設される道路資産も、債務返済機構に帰属する。道路会社と債務返済機構は「協定」と呼ばれる手続きで相互の業務計画を策定し、国土交通大臣の許認可を受けることになっているが、この間に議会は関与できず、国土交通省の裁量で決まってしまう。

図2─2　道路会社と債務返済機構の仕組み

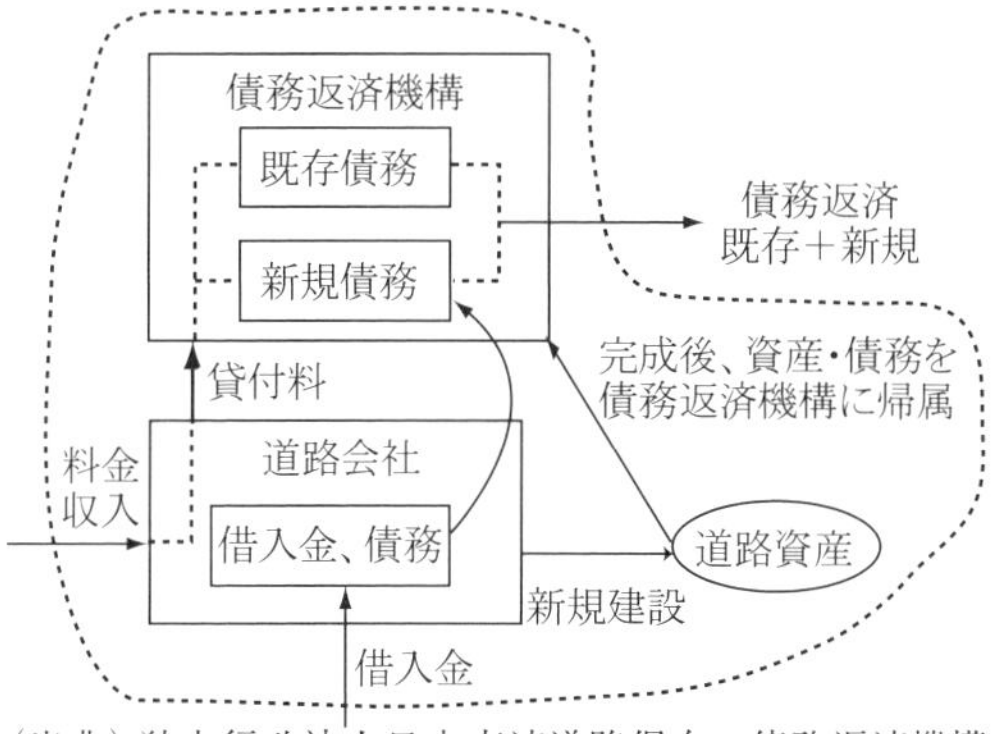

(出典) 独立行政法人日本高速道路保有・債務返済機構「独立行政法人日本高速道路保有・債務返済機構の業務概要」(『高速道路と自動車』2006年6月号、48ページ)に筆者加筆。

図2─2の外側の点線は筆者が加筆したものであるが、この範囲で合体させてみると、従来の道路公団の仕組みと変わらず、借金を借金で返す構造も変わっていない。また、図2─2の枠組みと別に、採算性(費用対効果)が低いなどの理由で、道路会社による運営が適切でないと判断された道路については、道路会社が介在せずに国と都道府県の負担によって建設する方式(新直轄方式)が新たに設けられた。これについては、ムダな道路がより造りや

すくなったという指摘もある。

さらに、「民営」であるために新たな問題も生じている。第3章以降で指摘するように、道路事業が及ぼす影響（環境、財政負担、交通状況の変化など）を検討するためには各種の情報が必要であるが、多くの場合、道路事業者側は情報の開示に消極的である。そこで、必要な情報を取得するため情報公開法④の利用が必要となる場合がある。ところが、旧公団は同法で定める行政機関に該当するため同法の対象となったのに対して、民営である道路会社は対象外となる。「民営化」されたために、かえって透明性が失われるという弊害すら生じているのである。これは道路に限らず、行政機関の民営化全体に共通する問題点として指摘されている。

一般道（国道・地方道）における考え方

一般の道路は、利用に応じて料金を払う必要がない。言いかえれば、料金を払わない利用者を排除する手段が講じられていないので、見かけは「無料」である。しかし、道路の建設・維持には必ず費用が必要であり、税源は何にせよ、公費で整備・運用することを原則としている。

国道・地方道（都道府県・市区町村が建設・管理）は、用語からは「国の予算で整備するのが国道、自治体の予算で整備するのが地方道」という印象を抱くが、実態は複雑である。

国道であっても地方の負担がある一方で、地方道であっても国庫補助があるなど、入り組んでいる。また、道路整備に関する債務というと道路会社（旧道路公団など）の債務のみが想起され、その他の一般道は税金の使い切りで整備されているように思われているが、地方道の整備にも債務が発生していることは、第１章で解説したとおりである。自治体が国に無利子で道路建設資金を貸し付ける「出資金」という仕組みもある。しかし、そのための自治体側での財源は借金で賄われ、その利子分を自治体が肩代わりするという不思議な財源も一部に存在する。

地方道のおカネの流れについて、都道府県道の一般的な整備を例にとると、事業費の約六〇％は、新築（新しく道路を造る）と改築・改良（拡幅など道路容量の増加や危険箇所の改良など）である。また、約二〇％がすでに造られた道路の維持・補修であり、その他の二〇％が環境対策などの付帯的な事業である。一方、財源の側からみると、前述のように地方道にも国庫補助があり、その比率はさまざまな条件によって細かく決められている。このため地方道の整備に関しても、少しでも有利な補助条件が適用されることを求めて、多くの都道府県・市区町村から陳情団が霞ヶ関に日参することになる。

本項で例示する都道府県道の場合、国庫補助の比率は事業費のうち二三％である。[5] 次いで、三四％は都道府県の一般財源（土木費）から支出される。残りの四三％は地方債の起債で賄われる。名前は何であれ、これらが地方道にかかわる借金である。ただし、この地方債のすべてがそのまま借金として都道府県の負担になるわけではなく、ある部分が地方交付税で肩代わりされる。その比率は条件によってさまざまだが、最終的に肩代わりされない分について「借金」の必要があり、政府系金融機関や民間金融機関から調達される。

図2—3　地方道の費用と財源（都道府県道の例）

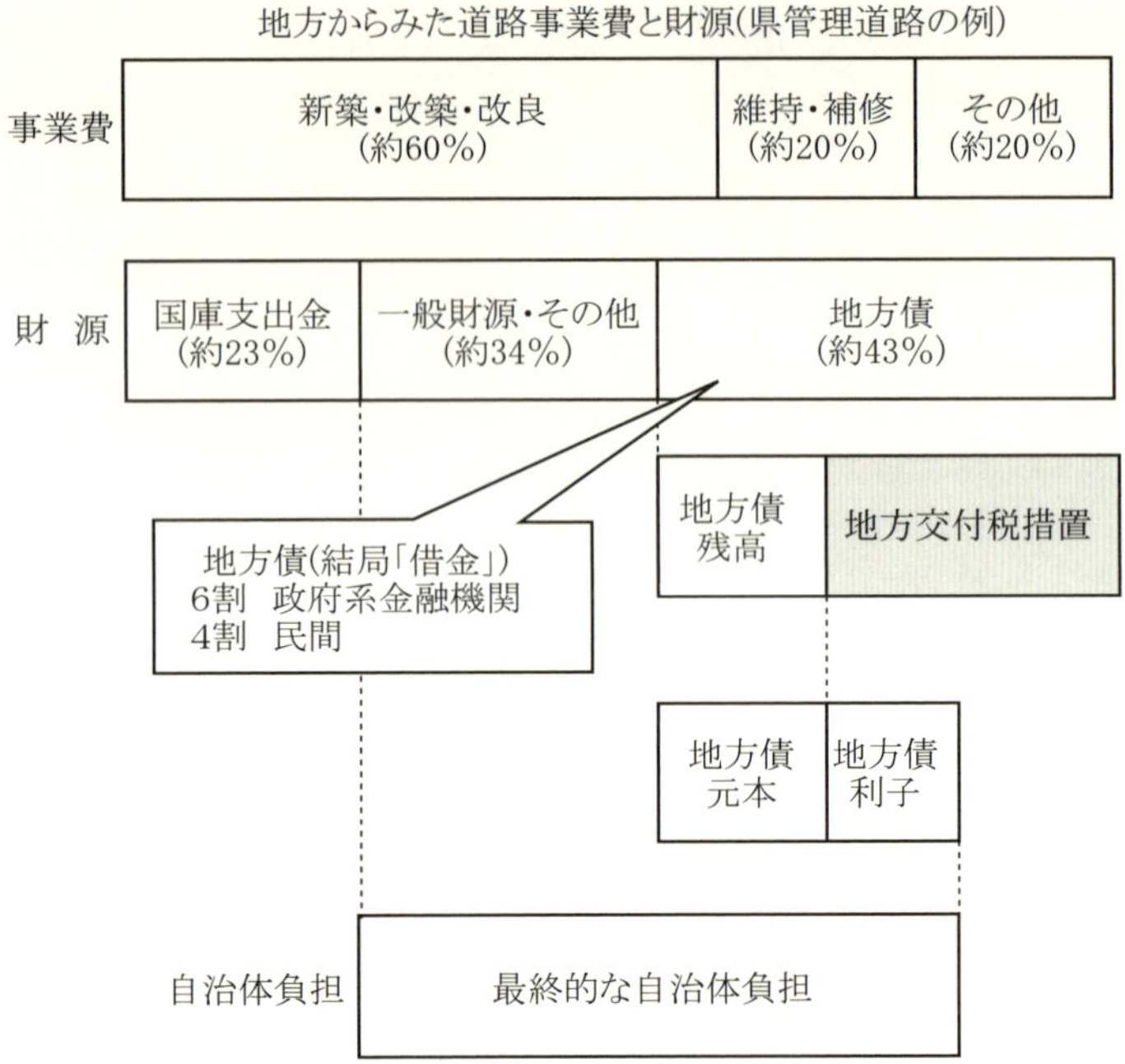

（出典）田邉勝巳・後藤孝夫「一般道路整備における財源の地域間配分の構造とその要因分析—都道府県管理の一般道路整備を中心に」（『高速道路と自動車』2005年12月号、25ページ）に筆者補足。

いずれにしても借金であるから、最終的に元本の返済が必要であり、自治体の一般の税金から返済することになる。すなわち、高速道路だけでなく一般の道路でも「借金」が発生しており、近年の地方財政の負担の一つの要因ともなっている。このようにおカネの流れは複雑であり、これらの関係を図示したものが図2—3である。

また図2—4は、長野県松本市における総事業費が約八〇億円の道路事業

図２−４　合併特例債を利用した道路資金計画の例

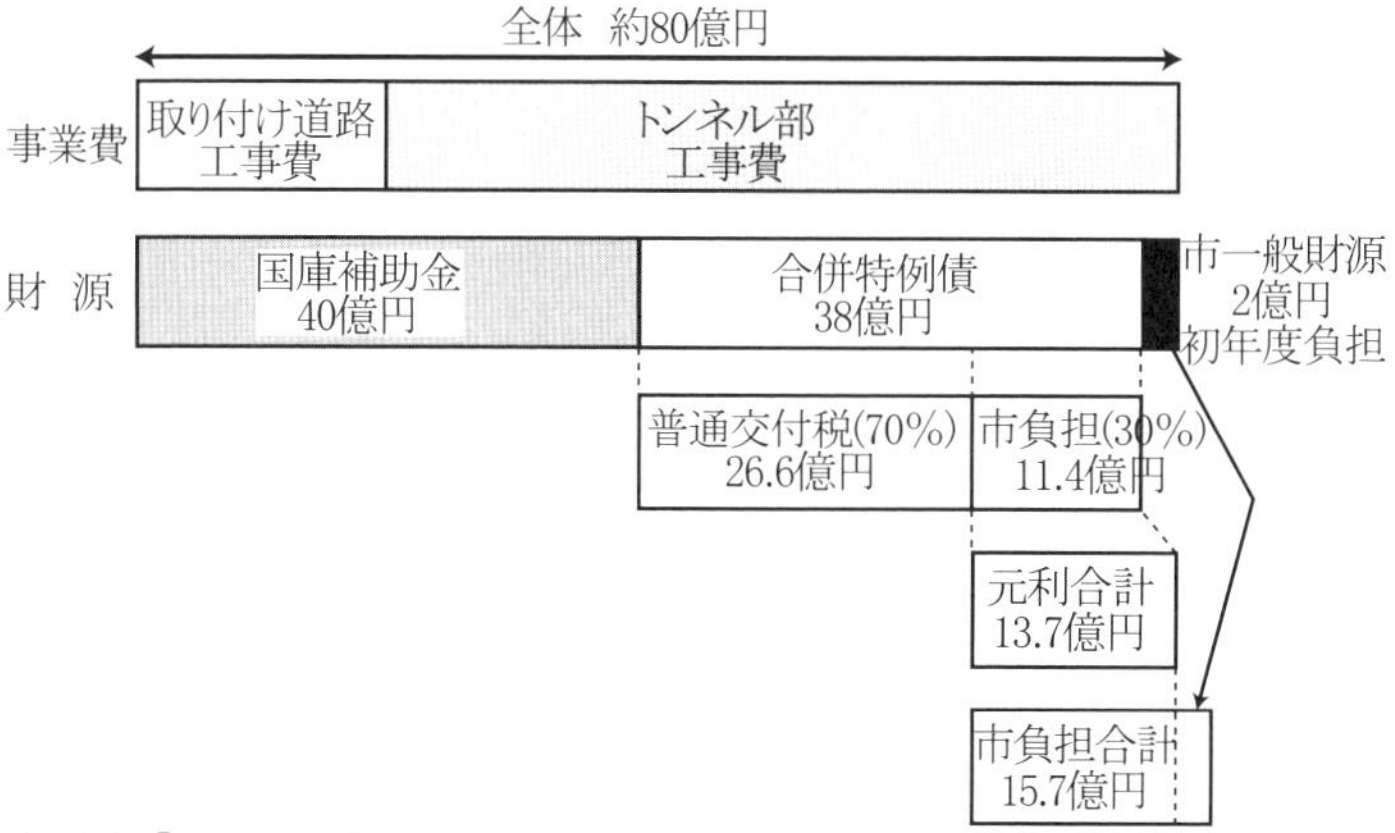

（出典）『広報まつもと』2005年10月1日号。

について、「合併特例債」（二〇〇五年三月三一日までの合併に適用）の制度を利用した資金計画の例である。特例債の対象となる事業として「旧市町村相互間の交流や連携が円滑に進むような道路、橋梁、トンネル等の整備」などがあげられており、対象事業費のおおむね九五％までの起債が認められ、さらにその元利償還金の七〇％が普通交付税で肩代わりされる。

しかし、肩代わりされない残りの分はいずれ自治体が元利を償還しなければならない。一見すると少ない負担で公共事業が実施できるようにも見えるが、実際は合併特例債は借金の奨励であり、「蛸の足食い状態」と評価する見方[6]もあり、後年度の負担をいっそう増すことにもつながる。

2　道路特定財源とその一般財源化

道路特定財源の歴史と「暫定税率」

自動車関係の税には多くの種類があり、簡素化のキャンペーンが繰り返し行われている。(7) このうち、道路整備に目的を限定した特定財源の経緯は次のようなものである。

まず、揮発油税は一九四九年に創設されたが、この時点では特定財源ではなかった。当時は終戦直後でエネルギーの供給も不足がちであり、現在のような自動車の普及が想定されておらず、むしろ消費統制的な性格を有していた。しかし、経済の復興とともに道路整備の財源として揮発油税を利用する方向に転換し、五四年には特定財源化された。

その後、経済の高度成長期を迎えて、ますます道路整備の推進が要請されるようになったことを受けて、地方道路税が一九五五年に(国税であるが全額を地方に譲与)、石油ガス税が六六年に(その二分の一を「石油ガス譲与税」として地方に譲与)、自動車重量税が七一年に(その四分の一を「自動車重量譲与税」として地方に譲与)、それぞれ創設された。また、地方税として、軽油引取税が五六年、自動車取得税が六八年と、道路整備に使途を限定した自動車関連の諸税が次々に創設されていく。

税の種類とともに、「暫定税率」も議論となっている。道路財源の不足を補うため、一九七四年に二年間の時限措置として、揮発油税や自動車重量税などに対する割増し税率が設定された。ところが、「暫定」としながらも二年ごとに毎回同じ内容で継続され、現在に至っている。たとえば揮発油税については、本来はガソリン一ℓあたり二四・三円（本則税率）のところが四八・六円、すなわち二倍の暫定税率が設定されている。同様に、自動車重量税に対して二・五倍、地方道路譲与税に対して一・二倍、軽油引取税に対して二・一倍、自動車取得税に対して一・七倍である。国土交通省はこれを次のように説明している。

「税率（自動車利用者の負担の規模）についての考え方は次のとおりである。制度の趣旨からして、道路特定財源諸税による負担の規模は、必要な道路整備費を踏まえたものでなければならない。このため、道路整備五箇年計画において五箇年間での道路整備の目標および事業量を定め、そこで定められた事業量を達成するために必要なレベルで道路特定財源諸税の税率を設定しているところである[8]」

しかし、近年は道路整備そのもののほかに、本四連絡橋公団の債務処理、まちづくり交付金、ＥＴＣ（高速道路の料金自動収受システム）の普及・促進などにも支出されるようになった（本四連絡橋公団の債務処理は二〇〇六年度で終了）。これに対して自動車関連業界や石油業界などは、特定財源の目的外流用であると批判し、このような支出を続けるなら暫定税率を解消して、その分だけガソリン・軽油を値下げすべきであると主張している。これらについての評価は本章七一ページ以降で述べる。

なお、暫定税率には環境税的側面、すなわちガソリン・軽油の消費を抑制する効果がある。国立環境研究所の試算によると、暫定税率が本則税率に戻されてガソリン・軽油が安くなると、それらの消費が促進されるために年間二二〇〇万トンのCO_2が増加する。(9) 一方で、自動車の燃費改善が法的に義務づけられている(トップランナー規制(10))効果により、二〇一〇年までに年間二一〇〇万トンのCO_2削減が期待されている。暫定税率の解消は、その効果がすべて相殺される影響が発生するおそれがある。このため、暫定税率を解消するのであれば、それに相当する額(あるいは率)の環境税的な課税を設けるべきだという主張もある。

政府・与党の動き

従来、道路特定財源は「聖域」と比喩される扱いを受けており、固定的な財源として存在していたが、小泉純一郎内閣(二〇〇一年四月〜〇六年九月)の発足から、一般財源化の動きが具体化していく。この方針は、次期の安倍晋三内閣(〇六年九月〜〇七年九月)にも引きつがれた。これについては、交通政策としての観点よりも、自民党内のいわゆる「道路族」に代表される旧勢力に対する政治的主導権の掌握がおもな目的であるという見方もされている。

二〇〇六年一二月八日の臨時閣議では、〇八年の通常国会で、揮発油税などを一般財源化するために法改正を実施することなどを決定した。しかしながら、その一方で、「真に必要な道路を計画的に整備する」として〇七年に「中期道路整備計画」を策定することを明記しているなど、総体としては結論の先送りと評価せざるをえない内容となった。各マスコミの評価も、道路利権に関連した与党内の勢力に押し切られて結論を先送りしており、「改革」とされる理念の実があがっていないとするものが大半である[11]。

なお「中期道路整備計画」では、「中期」の具体的な期間について当初明示されていなかったが、自民党は二〇〇七年五月に、期間を一〇年とするとの方針を表明した。過去に一二回にわたって策定された「道路整備五箇年計画[12]」では、名前のとおりいずれも計画期間が五年ごとであったのに対して、今回の中期計画を一〇年としている理由は、それだけ道路財源を前倒しで多く確保しておきたいとの思惑があるとされる[13]。

一般財源化への賛否

特定財源の一般化を提唱する意見や学説は過去にも見られたものの、本格的な動きとはならなかった。小泉政権の時期から一般財源化の方向性が具体的に示されるようになり、各方面の関係者から賛否両論が主張されている。ことに業界団体や自治体は、一般財源化反対の姿勢が強い。いずれにしても、それらの主張が事実に基づいているか、科学的に妥当かどうかを検証する必要がある。おもな論調は次のように分類されるであろう。

①一般財源化に反対する意見

自治体——自治体の道路整備には特定財源が必要である。
建設業界——暫定税率は現状維持を求める。
自動車メーカー・自動車使用業界（バス・トラック事業者など）・石油業界——暫定税率の撤廃を求める。
大都市の自治体——財源の配分にあたり大都市を重視すべきである。
地方都市——財源の配分にあたり地方を重視すべきである。

②一般財源化に賛成する意見
一般財源化することにより、道路政策の透明性が増し、議会の関与が促進される。

道路よりも、社会保障・環境対策など他の用途に振り向けるべきである。

地方財政の制約から、他の政策と総合的・並列的に評価すべきである。

自治体や建設業界でも、大都市と地方の温度差がある。大都市の自治体や建設業界は、「交通量の多い大都市で多く集められる税金が、大都市に還元されず、地方にもって行かれる」という不満を表明する。これに対して地方の自治体や建設業界は、地方部の道路はまだ不足しており、地方にこそ道路財源が重点的に割り当てられるべきであると主張する。ただし、自治体のなかには、国庫補助があるとしても、道路整備にかかわる地方の財政負担がもはや容認できない状況に達しつつあるとして、道路整備からしだいに撤退する動きもある。

自動車関連団体の主張と評価

日本自動車会議所（自動車メーカー、運輸事業者、多数の個人ユーザーが加入する日本自動車連盟などで構成）は、二〇〇五年六月に「道路特定財源の一般財源化や環境税の代替財源化に絶対反対」という意見書を公表している。[14] その骨子は、①道路特定財源は全額、自動車ユーザーの便益向上につながる道路整備に充当すべき、②一般財源化や環境税の代替財源化は絶対反対、③道路整備以外に充当する余剰があれば暫定税率を廃止すべき、というものである。自動車メーカーと石油業界もおおむね同様の内容の意見書[15]を公表している。日本自動車会議所の意見書は以下のような内容である。

「〈道路特定財源の本質論から〉として

①道路特定財源は、受益者である自動車ユーザーが道路整備費用を負担するために納めた税である。その課税目的以外に使途が拡大される、あるいは一般財源化されることは、納税者の納得が得られない。

②道路特定財源として課税されている諸税（自動車取得税、ガソリン税、軽油引取税、自動車重量税など）には、道路整備財源不足を理由に暫定税率が長期にわたって適用されている。

③以上の「受益と負担」の観点、ならびに自動車ユーザーが本則税率を大幅に上回る暫定税率を負担している実態から、道路特定財源を道路整備以外に充当する余剰が生じるのであれば、暫定税率を本則税率に戻すべきである。

〈道路整備の実態から〉として

④道路は本来、わが国の経済活動や国民生活を支える根幹的な社会資本である。その整備にあたっては、自動車ユーザーのみならず広く国民が負担すべきものと考えられる。

⑤道路特定財源が投入されている道路整備の状況は、全国的にみて十分な水準であるとはいいがたい。とくに、渋滞の緩和や環境対策に効果が期待される環状道路、公共交通機関網の不足を補う道路、交通安全のための道路整備、交差点の改善など、道路品質の向上を含め重点的・効率的に整備すべき事業分野が多く残されている。

〈自動車関係諸税に係る問題から〉として

⑥自動車ユーザーは、道路特定財源を含めて自動車の取得、保有、走行の各段階で九種類もの税金を負担しており、複雑な税体系の簡素化と負担軽減を強く求めている。

⑦こうした自動車関係諸税(自動車取得税、自動車重量税、ガソリン税等)にかかわる問題をそのままにした道路特定財源の一般財源化や環境税の代替財源化は、自動車ユーザーの理解は得られない。まず、「公平・中立・簡素」という税の基本理念と今後の道路整備状況を踏まえて、自動車関係税制を抜本的に見直す必要があると考える」

この意見書に即して検討してみよう。まず、①〜③の「本質論」とされる部分で、特定財源が「受益者である自動車ユーザーが道路整備のための費用を負担するために納めた税」という部分は事実であるとしても、自動車関連団体は道路整備の範囲について驚くべき曲解を示している。たとえば日本自動車連盟・自動車税制改革フォーラムでは、道路特定財源が本州四国連絡高速道路会社（旧「本四公団」）の債務償還などに充てられていることについて「道路整備に関係ない」という。

「平成一五年度以降、公共事業のシーリングにより道路整備の予算が減らされた結果、税収と支出の間に大きな差が生じています。政府は、この差額を本来の道路整備以外の事業の支出に充ててきています。その大きなものは、本四架橋の赤字を抱える『本四公団』が負っていた債務一兆四七〇〇億円を国が肩代わりするための支出です。これ以外も含め、平成一八年度予算では、六五六三億円にものぼる金額が本来の道路整備以外に支出されています。自動車重量税の税収のうち、国の道路整備に回されるべき金額が五七一二億円ですから、本来の道路整備には一円も使われていないのです⑯」

旧本四公団の債務は、本四架橋の建設に現に使われた費用である。その償還のための財源を「道路整備と関係がない」とみなすのであれば、道路整備とは、いくらでも借金をして建設したうえに、利用者はその費用を負担する必要がないことになる。さらに、旧本四公団の債務の償還のほかにも、高速道路の利用促進のための料金割引分の補填・道路の無電柱化・ETC普及促進などにも支出されているが、これらも道路整備と関係ないのだろうか。いずれも、道路利用者がよりよい道路サービスを利用できるために有益な施策である。

次の「実態」とされる部分に関して、④の「道路整備の費用は自動車ユーザーのみならず広く国民が負担すべき」については、現に自動車ユーザーに限らない納税者全般が負担する一般財源から多額の支出がなされているのだから、単に現状を述べているだけであって、意見ではない。⑤の「道路整備の水準が十分ではない」についても、第1章で示したごとく現状認識の誤りである。自動車ユーザーは、道路という物体が必要なのではなく、よりよい道路交通サービスの享受が最終目的であるはずであり、そのためには道路の「造り方」よりも「使い方」に議論を転換しなければならない。

そして、「問題」とされる部分については、たしかに税体系の簡素化の議論はなされてもよい。ことに、購入・保有段階にかかる税(自動車税など)と使用段階(燃料への課税など)にかかる税の割合の見直しは、重要な議論である。地球温暖化、大気汚染、交通事故など自動車の利用にかかわる社会的な負の側面は、自動車の購入・保有段階よりも、使用段階で大部分が発生するからである。しかも、自動車ユーザーが自ら発生させた費用のうち、負担していない部分が多岐にわたる分野に存在する。

これを考慮するなら、「道路整備に充当するための暫定税率」は仮に廃止するとしても、現在は負担していない外部費用を適正に負担するような課税が必要である。この問題については、第5章2でより具体的に述べる。

道路建設業界の主張と評価

道路建設業界は、「道路特定財源は受益者負担であり、他の使途への利用は認められない」「道路整備はまだ足りない」などの部分では、自動車関連業界とほとんど同じである。しかし、双方とも一般財源化に反対しているものの、暫定税率の評価における大きな相違が興味深い。自動車業界は、燃料価格の低減による自動車の販売促進、より大型・高級車種へのシフトが望ましいため、暫定税率の撤廃を求めている。これに対して建設業界は、道路整備財源をより多く確保することが望ましいため、暫定税率(税額)は現状を維持するように求めている。たとえば日本道路建設業協会は、次のように主張する。(17)

「道路特定財源諸税に係わる暫定税率適用期限の延長

新たに制定される道路整備五箇年計画の計画的な実施を図るため、揮発油税、地方道路税、自動車重量税、自動車取得税及び軽油引取税の暫定税率の適用期限を延長していただきたい」

そもそも、道路整備五箇年計画を実施するために暫定税率を維持すべきであるという主張こそが、現状の道路財源システムの歪みを明示している。すなわち、道路の必要性を科学的・合理的に論じているのでもないし、道路を利用する多数のドライバーの利益を代表しているわけでもない。暫定税率によって徴収された税金が、そのまま道路建設業界にまわるという硬直化した現状の維持、道路建設業界の既得権の維持の主張であり、「道路が必要だから財源が必要」と述べている循環論法にすぎない。

なお、特定財源の制度が現状のままであればという仮定のもとであるが、道路建設業界がロビー勢力として政府に強い影響力を有している事実を考慮すると、燃料消費の少ないハイブリッド車や燃料電池車の普及には協力しない、さらには妨害することも予想される。ハイブリッド車のように、同じ走行量に対して燃料消費が少ない自動車が大量に普及したり、あるいは燃料電池車のようにガソリンや軽油によらない自動車が大量に普及するようになれば、それだけ燃料関係の税収が減少するからである。

自治体の主張

特定財源の見直しに関する一連の動きに対して全国知事会は、次のような懸念を表明する「要望」を二〇〇六年一一月に発表している[18]。

「道路特定財源の見直しにあたっては、地方の声や道路整備の実情に十分配慮し、地方が真に必要としている道路整備を遅らせることがないよう、道路整備のための財源として確保し、地方公共団体への配分割合を高めること等により、地方公共団体における道路整備財源の充実に努めるべきである。また、道路にかかる国直轄事業負担金を廃止する等、地方負担の軽減を図るべきである。

①地方においては、移動手段を自動車に依存している地域が多いが、高速道路など主要な幹線道路のネットワークをはじめ、防災対策や医療・通学など生活道路の面においても、まだま

だ道路整備は不十分である。一方、都市部においても、交通渋滞の解消やバリアフリー化、電線類の地中化など、都市環境の整備を進める必要がある。さらに、道路の維持管理については、今後老朽化した橋梁、トンネル等において維持補修費の増大が見込まれている。

②このため、道路特定財源の見直しにあたっては、このような地方の声や道路整備の実情に十分配慮し、地方が真に必要としている道路整備を遅らせることがないよう、道路整備のための財源として確保し、地方公共団体への配分割合を高めること等により、地方公共団体における道路整備財源の充実に努めるべきである。

③また、国直轄事業負担金（国道の整備でも、費用の一部について自治体の負担義務がある）の廃止については、本会として従来から求めているところであり、道路特定財源の見直しに合わせ、道路にかかる国直轄事業負担金を廃止する等、地方負担の軽減を図るべきである」

大都市における道路の整備促進を活動の趣旨とする一四大都市道路整備促進協議会[19]では、直接的に一般財源化反対とは明言していないものの、「今後とも道路特定財源を道路整備のための財源として確保していくことが重要」としている。[20]そして、財源の配分に関して、「①わが国で重要な役割を果たす大都市の道路整備を促進していくためには、必要な財源を大都市へと重点的に配分する必要がある、②大都市は人口が多く経済活動が集積していることから、多くの自動車利用者が道路特定財源の収入源となる諸税を負担しているが、その一方で道路整備事業費として還元される額（比率）は少ない」として、必要な財源を大都市へ重点的に配分すべきと述べる。[21]

その根拠としては、大都市での住民一人あたり道路投資額は約一万八〇〇〇万円(年間)であるが、その他の地域では三万一〇〇〇円(同)であること、負担額に対する受益額の比率が大都市では七六%であるのに対して、大都市以外の地域では一〇五%である、などを示している。しかし、この問題は、第1章で示したように、道路財源の配分について科学的な必要性や効率性と乖離した政治的な決定が行われていることに問題がある。自治体自身もその不合理な配分をもたらす一端を担っているのであって、一般財源化の当否とはまったく関係がない。

自治体の主張に対する批判

こうした自治体の主張に対して、五十嵐敬喜氏(公共事業論)は、一般財源化を支持する意見として「自治体の発想転換」を提唱している。[22] すなわち、道路特定財源という枠組みがあるかぎり、道路整備の合理的な必要性にかかわらず財源が固定されて道路が造られること、計画そのものの決定過程が不透明で、整備が道路関係の行政担当者(国・地方とも)の裁量のみで決定されることなどから、特定財源の枠組みを解消するべきだという。

五十嵐氏はまた、多くの自治体の首長が道路特定財源と道路整備をセットにして論じているが、合理的な必要性にかかわらず道路が造られているとすれば、特定財源制度の有無にかかわらず、道路予算の総枠が変わらないかぎり依然として道路建設が続けられる可能性を指摘する。実際、前述のように、二〇〇六年一二月の臨時閣議決定では、特定財源の一般化を方向性としては示す一方で、「真に必要な道路を計画的に整備する」として、〇七年に中期道路整備計画の策定期間を延ばして道路予算の総枠を維持する方向性が示されている。

これまで多くの自治体では、地域で自立できる産業よりも、道路をはじめとする公共事業・補助金事業に多くを依存し、それが「地場産業」と化してきた。しかし近年は、国も自治体も財政を縮小せざるを得なくなり、これが地方経済の疲弊に直結している。この仕組みをそのままにして、さらに道路を造っても、地域が豊かになるかどうかは疑問である。

3 「原因者負担の原則」の徹底

特定財源制度のもう一つの側面

一般的な議論の傾向として、現状の道路政策の継続を支持する論者は特定財源制度を支持し、批判的な論者は特定財源制度の廃止と一般財源化を提言するケースが多いように思われる。

一方で、現状の道路政策に批判的な論者のなかにも、特定財源の仕組み（あるいはそれに相当するもの）を残したほうがよいという指摘もある。その理由は、現在の特定財源は道路利用者が道路の建設・維持費用を負担する「受益者負担」の原則にともかくも基づいているのであって、一般財源化によってその原則がないがしろにされる可能性を懸念するためである。結局のところ、一般財源すなわち財務省に納められてしまうと、その後の使途や配分が不透明なプロセスのまま、行政の裁量によって決められてしまう点には改善がないという指摘である。また、現状の道路政策の継続を支持する者のなかには、「道路整備には道路特定財源だけでなく、一般財源がもっと投入されるべきではないか」とする意見さえみられる。[6]

特定財源制度の是非を論じるだけでなく、客観的・科学的な道路計画と、透明性のある評価に基づいて道路投資の総額を管理する方策が伴わないかぎり、現状は変わらない。それどころか政治勢力のバランスによっては、社会保障など他の使途を削減してでも、道路に財源がまわされる可能性もある。したがって、特定財源制度の廃止と一般財源化をセットにして論じるだけでは危険であろう。

第二次世界大戦後のある時期には、自動車の普及や道路の整備は復興の象徴であり、人びとの暮らしの質を高めると考えられてきた。しかし現在は、環境問題にせよ交通事故にせよ、道路整備に伴う自動車の総走行量の増加が、人びとの暮らしの質の維持・向上を阻害する方向に作用している側面を考慮しなければならない。また、それらの害を防止・軽減するために、社会的な出費を余儀なくさせられている。

すなわち、道路や自動車の車体という物体(ハードウェア)にかかわる費用のほかに、自動車の利用者が負担していない費用が多岐にわたって存在する。人びとが道路を利用するに際して、地球温暖化や大気汚染・騒音などを通じて、実際に他人に損失を与えているにもかかわらず、その原因を引き起こした当事者がその費用をまったく、あるいは一部しか負担していない。経済学的に「外部費用」と呼ばれるものである。

なお、「社会的費用」と「外部費用」が同じ意味で使われることがあるが、厳密には異なるので以下に説明する。

四半世紀以上前に、宇沢弘文氏（経済学）が現在でもよく引用される『自動車の社会的費用』を著した[7]。ここで宇沢氏は「本来、自動車の所有者あるいは運転者が負担しなければならないはずであったこれらの社会的費用を、歩行者や住民に転嫁して自らはわずかな代価を支払うだけで自動車を利用することができたために、人びとは自動車を利用すればするほど利益を得ることになって、自動車に対する需要が増大してきた」と述べている。だが、一九七四年の時点では、自動車の社会的費用の具体的な額について、自動車一台あたりにそれを税金として賦課するとすれば年間二〇〇万円[8]という粗い推定値が示されたのみであった。

これに対して最近、道路交通に起因する環境問題の深刻化に対応して、社会的費用の具体的な計測の研究が再び注目されるようになった。たとえば鹿島茂氏（交通工学）らは、図2―5を用いてその全体的な概念を説明している。図の外枠は、自動車の利用に伴って発生するさまざまな総費用の項目を示す。このなかには、利用者が負担している分と負担していない分が含まれる。

利用者が負担している分としては、車両の購入費用・維持費用や、揮発油税や軽油引取税などの燃料に対する課税から、道路特定財源を通じて道路整備費用に充当される分などがある。ただ

図2—5　自動車の外部費用の項目と構成

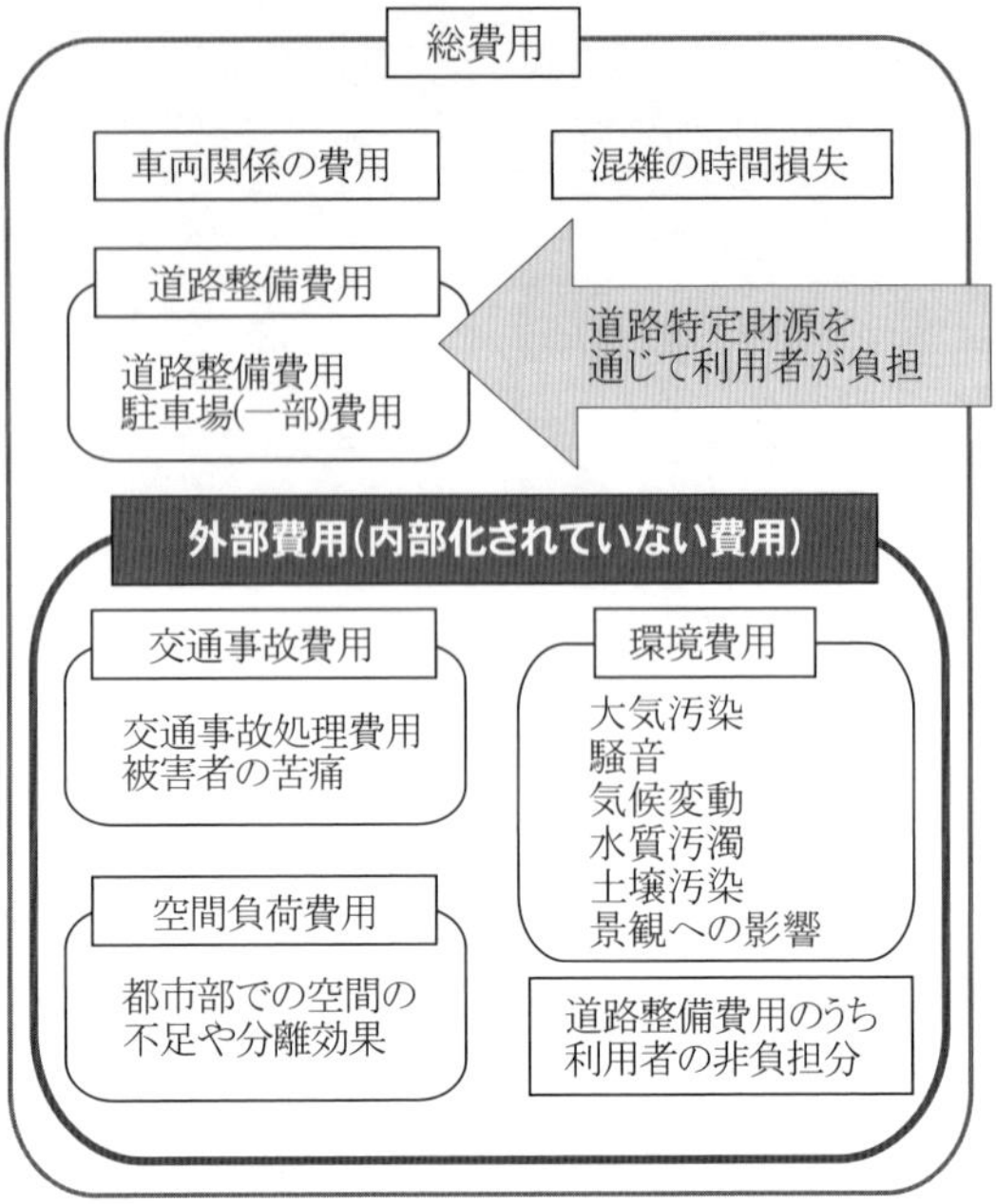

(出典) 鹿島茂・今長久「道路交通の環境費用の計測動向」(『交通工学』40巻4号、2005年、15ページ)に筆者補足。

し、混雑の時間損失は、利用者が道路を利用することによって道路混雑の原因の一端を担い、自分自身がその損失を被っているのと同時に、他者にもその時間損失を及ぼしている関係にある。経済学的な解釈としては、たとえ渋滞していても、その道路の走行が他の手段よりも利益になると利用者が選択した結果であるから、混雑の時間損失は利用者が負担しているとみなされる。

　これらに対して、利用者が負担していない分も少なからず存在する。代表的な項目として排気ガスによる健康被害があげられる。被害に起因する負担の大部分が被害者側に帰属しており、その原因を引き起こした者は費用を負担していない。

厳密にいうと、特定財源のなかから約一二〇億円が公害健康被害(大気汚染による気管支ぜん息など)の補償に、また約四〇億円がディーゼル車の粒子状物質除去フィルター取り付けの補助金に支出されている(二〇〇三〜〇四年度)。これらを考慮すれば、道路利用者が大気汚染にかかわる費用をまったく負担していないわけではないが、全体で約一四兆円にのぼる道路投資に比べると、ごくわずかな比率でしかない。

大気汚染・騒音・気候変動(地球温暖化)・水質汚濁・土壌汚染などの環境費用や、交通事故の処理費用、交通事故により発生する渋滞の時間損失、保険によっては回復されない被害者や家族の苦痛なども、利用者が負担していない分である。さらに間接的には、都市部で道路や駐車場が多くの面積を占めることにより土地の利用を非効率(第1章7)にしたり、道路によって地域を分断して人びとのコミュニケーションを妨げる「空間負荷費用」などが図中に示されている。

これらの側面からみても、自動車に関する税金や高速道路の料金が高いとか、自動車利用者が道路の利用に際して過大な負担をしているという認識は誤りである。なお、それぞれの項目の具体的な数字については、第5章でくわしくふれる。

自動車の利用がもたらす費用の反映

こうした影響を考慮すると、現行の特定財源のシステムは変更すべきとしても、道路交通が発生させているさまざまな外部費用を反映させた「原因者負担」の原則をより徹底させるべきであ

表 2─1　特定財源使途変更のオプションと考えられる影響

使途変更のオプション（一般財源化する前提で）	交通への影響	社会全体への影響
暫定税率の解消（燃料価格の低下）	燃料価格の低下により、自動車の使用促進、重量化・高級化がもたらされ、渋滞や環境負荷の増大の可能性大。	温暖化・大気汚染・騒音・交通事故など負の側面が大きく増加の方向。
社会保障費への転用	公共交通・徒歩・自転車の促進などには活用されない。しかし、科学的な検討によって、社会保障の充実に使うほうが社会全体として有意義であるという合意が成立すれば、それもよいであろう。	温暖化・大気汚染・騒音・交通事故など負の側面が現状維持または増加の可能性あり。
自治体へ税源委譲	自治体の道路政策が現状のままでは、合理性・透明性を欠く道路建設促進の懸念もある。	温暖化・大気汚染・騒音・交通事故など負の側面が増加の可能性あり。
暫定税率分を環境税化	暫定税率分を環境税と同額で入れ替えるだけでは、燃料価格は変わらず、自動車の使用に影響を及ぼさない。	環境税分を温暖化対策・大気汚染対策などに利用するのであれば、改善効果あり。
公共交通なども含めた「交通会計」として一元化	交通という枠組みではもっとも望ましい。	温暖化・大気汚染・騒音・交通事故など負の側面が改善の方向。

る。『日本経済新聞』の社説も次のように指摘する。

「揮発油税を含めた道路財源を暫定税率のまま一般財源化するのはやむをえない。自動車の社会的な費用は極めて大きく、交通部門の警察官の人件費や交通事故でけがをした人の医療の一部などは道路財源で支払われていない事実を忘れてはならない。税金を軽くすれば燃料の消費が増えて地球温暖化対策に逆行する点も考慮に入れるべきだ。また温暖化対策のため必要となる経費を揮発油税などで賄うのはおかしくない(9)」

以上の検討をもとに、**表2—1**に、一般財源化と使途変更のオプション別に考えられる影響（環境への影響を含む）を示す。一般財源化にあたっては、関連する多くの派生的影響を考慮しなければならない。

（1）高速道路会社のほかに、自治体が設立する地方道路公社（ほとんどの都道府県と政令指定市にある）も有料道路事業を行っている。これらは二〇〇六年以降も基本的に変化がなく、国全体に占める事業の規模も小さいので、本章では説明を省略した。

（2）通常の高速道路は、少なくとも上下二車線ずつ中央分離帯で区切られた構造であるが、建設費の制約などから、当面片側の二車線のみを建設して、上下一車線ずつとして開業している区間がある。

（3）（独）日本高速道路保有・債務返済機構「独立行政法人日本高速道路保有・債務返済機構の業務概要」『高速道路と自動車』二〇〇六年六月号、四八ページ。

（4）正式名称は「行政機関の保有する情報の公開に関する法律」で、二〇〇一年四月より施行された。行政機関に該当しない独立行政法人に対しても、同様の内容で「独立行政法人等の保有する情報の公開に関する法律」がある。自治体については、各自治体で情報公開に関する条例を定めている場合が多い。
（5）北海道と沖縄では、経済的な格差を是正する観点から、補助の比率は優遇（割り増し）される。
（6）須田春海『市民自治体――社会発展の可能性』生活社、二〇〇五年、三〇ページ。
（7）一例として「JAFの税制改正に関する要望活動」http://www.jaf.or.jp/profile/report/youbou/f_index.htm）
（8）国土交通省道路局総務課・企画課「道路特定財源の税制改正と道路整備五箇年計画（案）」『高速道路と自動車』二〇〇二年一一月号、三六ページ。
（9）国立環境研究所AIMチーム「中央環境審議会総合政策・地球環境合同部会第二一回施策総合企画小委員会提出資料（道路特定財源の税率変更による炭素排出への影響の試算）」二〇〇五年一〇月。
（10）省エネ法（正式名称「エネルギーの使用の合理化に関する法律」）に基づき、自動車や電気製品の省エネ基準を、現在商品化されている製品のうちもっとも優れている機器の性能以上にする（トップランナー方式）ことの義務づけによって、省エネ製品の普及を加速する仕組み。
（11）『日本経済新聞』二〇〇六年一二月九日（「社説」）など。
（12）一九五四年（吉田茂内閣）の第一次道路整備五箇年計画（総額二六〇〇億円）から、九三年（宮澤喜一内閣）の第一一次道路整備五箇年計画（総額七六兆円）まで、さらに九八年（村山富市内閣）には新道路整備五箇年計画（総額七八兆円）と名称を変えて策定されている。
（13）『日本経済新聞』二〇〇七年五月二一日。
（14）日本自動車会議所のホームページ http://www.aba-j.or.jp/04/04_02_n 200507 p 03.html

（15）自動車税制改革フォーラムのホームページ http://www.paj.gr.jp/html/paj_info/press/2005/20051110.html
（16）日本自動車連盟・自動車税制改革フォーラム「道路特定財源の見直しに関する主張」『高速道路と自動車』二〇〇六年六月号、五三ページ。
（17）日本道路建設業協会のホームページ http://www.dohkenkyo.com/topics/fr_topics.html
（18）全国知事会のホームページ http://www.nga.gr.jp/upload/pdf/2006_11_x18.PDF
（19）札幌市・仙台市・さいたま市・千葉市・東京都・川崎市・横浜市・名古屋市・京都市・大阪市・神戸市・広島市・北九州市・福岡市の知事・市長を構成員とする。
（20）一四大都市道路整備促進協議会のホームページ http://www.city.kyoto.jp/html/kensetu/gairo/gairoken/kyoto_HP/14toshi03.htm
（21）一四大都市道路整備促進協議会のホームページ http://www.city.kyoto.jp/html/kensetu/gairo/gairoken/kyoto_HP/14toshi04.htm
（22）五十嵐敬喜「私の視点」『朝日新聞』二〇〇六年三月一〇日。
（23）道路経済研究所「わが国における道路政策のあり方に関する研究」『道経研シリーズA―一〇二』二〇〇四年、八ページ。
（24）宇沢弘文『自動車の社会的費用』岩波新書、一九七四年。
（25）自動車による影響が歩行者や沿道の住民の基本的権利を侵害しない程度に道路を改善する総費用を、たとえば東京都内について求め、それを都内に存在する自動車台数で割ることによって、一台あたり一二〇〇万円と推定する。その額を自動車一台あたりの課税額に変換するとすれば、「この一二〇〇万円を他のもっとも生産的な用途に向けたときに、実質で一〇％の収穫率を生みだし、物価水準の平均上昇率を六%とすれば、名目利子率は一六・六%となるから、自動車一台当りの年間賦課額は約二〇〇万円となるであろう」としている。

(26)『日本経済新聞』二〇〇六年一二月五日。

第3章

道路問題の基礎知識

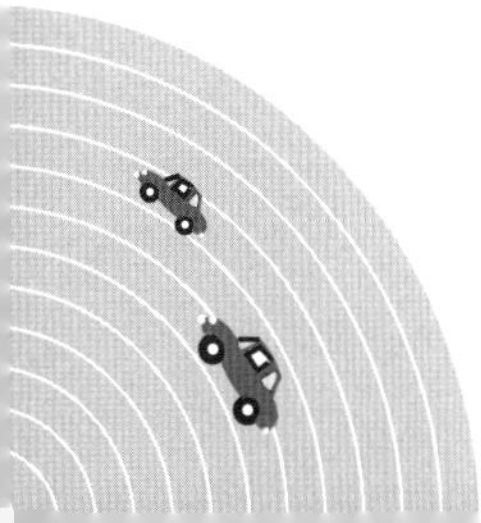

1　市民は何を知りたいか

各地で続く道路紛争

各地で道路計画をめぐって紛争が絶えない。それらの多くには共通の要素がある。それは行政(事業者側)と市民の間の情報のギャップである。多くの場合、事業者側は道路計画の手続きは適正に行われていると主張するが、市民は合理的・科学的な説明がなされているとは理解していない。事業者側は行政上の手続きに関しては専門家であるだけに、都市計画法はじめ現行の法律・条例に準拠しているという意味では、適法に計画が行われている。しかし、計画の決定に至る過程で、常に次のような問題が指摘されている。

①市民の合意を得ながら計画を進捗させる仕組みが整っていない。
②事業者側が情報の提供に消極的であり、できるだけ情報の開示を抑える傾向がある。
③手続きに違法性がなくても、決定に至る過程で用いられたデータが適切でなければ、適法性の根拠が失われる。データの適切性を第三者がチェックする仕組みがない。
④合意が形式的な手続きのみであり、関係者の意志を反映しているとはいえない。
⑤計画の初期から実際の工事までの間に状況の変化があっても、見直しがなされない。

⑥環境に対する影響の評価・予測の手法や根拠とするデータが適切でなく、事業を正当化する恣意的な「数字合わせ」が行われていると疑われる。

多くの事例では、計画の内容、あるいは計画の存在そのものが、市民や、とくに道路にかかわる地権者や沿道の居住者などに積極的には知らされない。行政内部での手続きがもはや後戻りできない段階になってから、発表・説明が行われる。これは市民に「寝耳に水」と受け取られる場合が多く、紛争を生ずることが少なくない。

こうした場合、たしかに手続きとしては合法的に処理されていても、誰がどのように決定したのか不透明であり、計画段階で市民が関与する機会はほとんどない。事業者側としては、事前に情報を公開すると反対・異論が避けられないから、計画の後戻りができない段階まで情報の提供をできるだけ控えたいという本音がうかがわれる。しかし、この段階になって紛争が起きると、より激しい不信・対立を生み出し、訴訟に発展することもある。事前に十分な情報を提供しながら計画を進捗させた場合と比べて、結果として地域に与える負の側面が大きくなる事例が少なくないように思われる。

交通量予測への疑問

最近とくに注目される問題は、前述の③に示される道路の交通量予測である。道路計画の決定に関して仮に手続きの面では違法性がないとしても、計画を決定するにあたって根拠とされた数字が不適切であれば、計画が不当ではないかという指摘は当然である。その根拠とされる数字のなかでもっとも重要なものは、交通量の予測である。「計画」とは、将来に対して立案されるものであり、将来のある時点で予測される交通量をもとにして、道路事業の要否や具体的な道路の規格・構造が決められる。環境への影響も、すべて予測交通量をもとに推計される。

静岡県伊東市内の道路の拡幅計画について、不適切な交通量の予測に基づいた静岡県の計画決定は違法であるという司法判断が、二〇〇五年一〇月に示された[1]。交通量が将来増加すると予測された道路の拡幅計画を静岡県が一九九七年に決定（正確には、五七年に決定されていた計画に対して変更を加える手続き）したために、沿道の市民が住宅や商店の建設を許可されないことについて訴訟を提起した。これに対して東京高裁は、交通量の予測が不適切であり、拡幅の必要性は認められないという判断を示したのである。

予測していた交通量が、実際に出現した交通量に対して過大（実際の交通量が予測よりも少なかった）なときには、道路の規格や構造が過剰となり、あるいは道路そのものの必要性がなかったと評価されるかもしれない。有料道路事業であれば、料金収入が不足し、建設費の償還が予定どおりできない問題も生じる。ただし、この場合、環境面では予測よりも排気ガスや騒音の発生が少なくなる。逆に、予測していた交通量が、実際に出現した交通量に対して過小（実際の交通量が予測よりも多かった）なときには、初期の目的どおりに渋滞が解消されなかったり、守れるはずであった環境基準が守れないなどの問題も発生する。

いずれにしても交通量の予測とは、一定の簡略化と仮定のもとでのシミュレーションの結果である。したがって、誤差がありうることを認めて、採算性の分析には低めの予測値、環境面の予測には高めの予測値を用いるなど、目的に応じて公衆の利益が保護される方向での数字を採用する判断があってもよいと指摘する研究者もいる[2]。

切実な道路交通量予測情報

道路交通に関する市民の会合などでよく提起される疑問は、次のような項目である。いずれも、交通量予測が市民にとって生活に密着した切実な影響をもたらす現象として注目される。

①道路を整備しても、自動車が押し寄せて元の木阿弥になるのではないか。
②道路の整備が、本当に環境の改善や住宅街の通り抜け交通の防止に有効なのか。
③事前の予測で示された大気汚染や騒音などの環境基準が守られるのか。
④提案されているルートではない、別のケースは検討されているのか。
⑤提案されている仕様（車線数や構造）の道路が必要なのか。あるいは代案がないのか。

これらの疑問は、交通量予測に関する学問的な課題としても常に研究者から提起されている。これに対して、事業者は計算の前提を明示し、最適の手法を用いて計算した結果を説明すべきである。一方で、現在の交通量予測の手法では、定量的に評価できない項目もあり、それについては率直にわからないと説明すべきである。計算上の根拠のない想像図程度の資料で「渋滞が解消する」「環境がよくなる」などと道路整備の効果を説明したために、逆に信頼を失い、紛争を激化させる一因となった例も多い。

一方、道路計画の専門家は、市民のニーズに接する機会が乏しい。そのため、市民がどのような情報を必要としているかについて認識が不足している。たとえば、屋井鉄雄氏（交通計画）は次のように述べている。[3]

「わが国のある政令市の需要予測見直しの場では、市民グループが将来ＯＤ表[4]から一部の数字をおもむろに差し引いた。それを大新聞は市民による需要予測結果として報道した。ここでは行政の予測結果から単純に引き算することでも、需要予測の行為とみなしたのである。しかし、筆者の知る限り、わが国の個別プロジェクトやネットワーク計画レベルの交通需要予測は、きめ細かな空間分割を伴う膨大な作業を行って、細心の注意をはらいながら進められている。それでも、そのような真面目な取組みは、一般に理解もされず関心ももたれない。そもそも需要予測で、どのような精緻な計算がされているかなど、知りたいと思う人はあまりいないし、公開してもほとんどの人は興味をもたないだろう」

市民が精緻な推計に関心をもっていないという認識が示されているが、現実はまったく逆である。市民は、需要予測や各道路への交通量配分の手法に強い関心を有している。事業者側による「この道路を造ると渋滞緩和に効果がある」「環境が改善される」などの説明に対して、「結果だけでなく、どのようなモデル・前提条件・データを用いて予測をしているのか、計算に用いた数値は妥当であるのか」という疑問が必ず提起される。情報へのアクセスが保証されなければ、市民参加はありえない。最初から「関心をもたれない」という認識があるとすれば、もともと市民参加を想定していないのではないだろうか。

市民は可能なかぎりデータを入手し、事業者側の説明を検証したいと考えている。このような市民側の関心に対して、事業者側が必要な情報を提供して説明すれば、事業への理解を促す機会が得られる。にもかかわらず、筆者が知るかぎり、事業者側は計算の前提や根拠をできるだけ秘匿するように努めていると考えざるをえない事例が多い。仮に計算が「精緻」に実施されていたとしても、社会的に公開しないのであれば、存在しないのと同じである。その一方で、行政が設置する道路関係の各種の委員会・審議会には、交通計画に専門的な知見を有するとは思われない「学識経験者」が参加している場合が少なくないことも不思議である。

現実の道路計画の事例では、事業者側から驚くべき説明がなされる場合がある。たとえば圏央道（第4章参照）の事例では、整備効果を評価するために当然必要となる基本情報、すなわち、予測時点でどのような道路ネットワークを想定したのか、それぞれの道路区間のデータ（交通量、旅行速度、車種の割合、走行する車両の起点・終点別の内訳、大型車の比率）などについて、市民側がたびたびデータの提供を要請した。ところが、事業者側はこれらのデータについて「費用便益分析やその前提となる交通量推計において、網羅的に整理・保存する必要がない」と回答している。[5]

事業者側が示す各種の資料[6]で「圏央道の整備効果」とされる数字が示されている以上、計算を行っていないとは考えられない。もし本当に基本情報を整理・保存していないとすれば、事業者自身が「圏央道の通行料金を上げた(下げた)場合に交通量がどう変化するか」などのケーススタディが必要になった際にも、計算を実施できないことになる。

一方で、圏央道に関する裁判に際して、事業者側が「存在しない」と説明してきたデータが「学識経験者の意見書」として事業者側から提出された書面に記載されていたという事例もあった(7)。市民側が不審を抱き、苦心してその元をたどって調査したところ、その内容が記載された報告書が存在していたのである。このように、一方には情報を提供し、他方には隠すという実態がありながら、「市民は精緻な推計に関心をもっていない」という認識がなぜ示されるのであろうか。

2 道路の基本

道路の種類

道路計画の成り立ちを理解するためには、道路と自動車交通の基本を知る必要がある。

まず、道路の機能として「道路」と「街路」を区別する考え方がある。両者を総称して道路と呼ばれることも多いが、本来は道路と街路は異なった性質をもち、国土交通省でも別の部局が担当している。道路は複数の地域を相互に結ぶ、いわば「管」のような機能を有するルートを指す。

図3—1　国内の道路の種類と延長距離

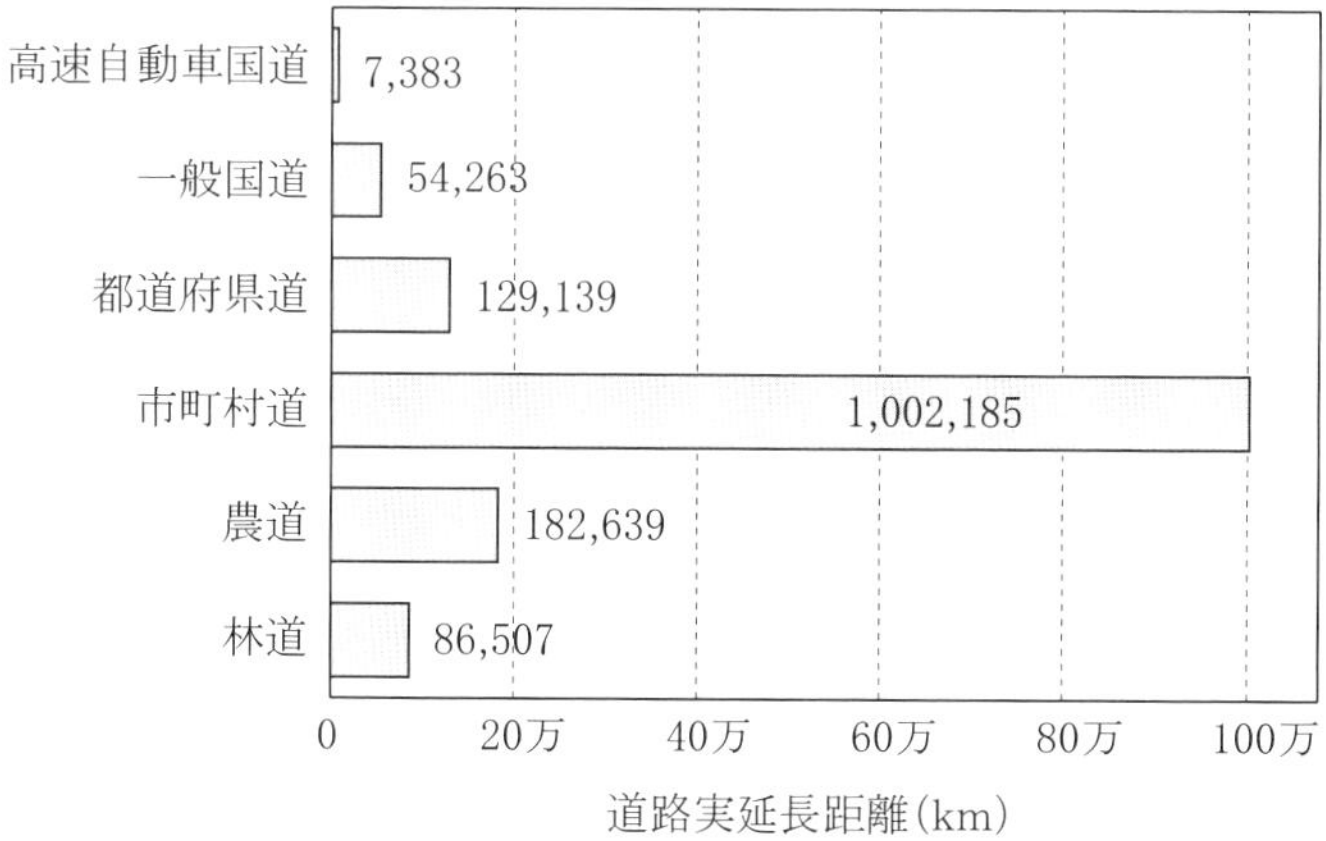

(注) 農道・林道は統計が異なるため参考値である。
(出典) 表1—1に同じ。

これに対して街路は、ある地域の中での、人・自転車・自動車の交通を担当する機能とともに、市街地を形成する物理的な骨格として、あるいは空間を確保して環境の保全や防災の機能、さらにライフラインの収容空間といった機能を有している。

こうした機能面からの分類に加えて、構造面・規格面からの分類もある。道路に関するもっとも基本的な法律は「道路法」である(ただし、道路法には道路の構造について抽象的な文言があるが、具体的な技術上の基準は記述されていない。技術的な基準の根拠となる基本的な情報は「道路構造令」に規定されている)。道路法によれば、道路とは一般の交通の用に供する道とされ、①高速自動車国道、②一般国道、③都道府県道、④市町村道の四種に大別される。

道路の種類と延長距離をみると、図3—1のようになっている。全国の道路総延長が約一一九万km

であるのに対して、高速自動車国道は約七四〇〇㎞であり、一%にも満たない。逆に、もっとも長いのは市町村道である。また、道路は細長い形状のために「面積」という認識をあまりもたれていないが、国土利用の観点でみると相当な面積を占有している。国内のすべての道路を合計すると、面積にして一万三一〇〇㎢になり、住宅地の一万一〇〇〇㎢より多い(8)。

このほかに農(林)道がある。本来は農林業関係者専用であるが、実態として一般車両の監視・排除が行われているわけではないので、通常の道路と区別なく利用されている。農(林)道は全国の国道と都道府県道の総延長を超える距離を有するが、国土交通省の統計の対象になっていないために、交通実態は数量的に把握されていない。

道路ごとの自動車通行量

道路という物体だけでは交通の用をなさない。道路の上を自動車が走行することによって、はじめて自動車交通の便益が発生する。ところが、「どの道路を、どのような(乗用車・バス・小型トラック・大型のトラックなどの車種別)自動車が、どれだけ通行しているか」という網羅的な統計は、意外にも存在しない。自動車の利用状況や主要な道路の交通量の測定データは存在するが、いずれもサンプル調査であり、統計的な推定が含まれる。こうした制約のもとで、**表3-1**のようなデータ源がある。

①は旧運輸省系、②と③は旧建設省系のデータである。④は人の動きのみで、貨物の動きがわ

表3−1　自動車交通関係の統計

種　類	内　容
①自動車輸送統計	自動車の利用実態(走行距離、人や貨物の搭載状況)のデータ。
②道路交通センサス(自動車起終点調査)	おおむね全国の市区町村をいくつかに分割した「ゾーン」を基本にして、「どこから・どこへ」の自動車の利用実態(人や貨物の搭載状況を含む)のデータ。
③道路交通センサス(地点観測・道路現況調査)	道路側からみた、道路や信号の現況や交通量のデータ。ただし、主要な道路(センサス対象道路)のみ。
④パーソントリップ調査	②と同様のゾーンを基本として、人に注目した移動の目的・手段別の動きのデータ。このうち自動車を手段にした分が自動車交通のデータとなる。
⑤その他	自治体で独自に実施するもの。

からないし、調査地域も限定される。いずれにしても、①〜③は相互に一致せず、旧建設省系同士の②と③でも一致しない。同じ年のデータでも③—②—①の順に数字が大きくなり、①と③では五〇％前後の差がみられる。[9]

誤差の理由は、③の道路交通センサス(地点観測)は一年のうち特定日の測定のため、必ずしも代表的なデータでない可能性があるうえに、対象が主要道路のみであり、「生活道路」などと通称される細街路や農(林)道のデータが収集されていないから、国内の全交通量のうち部分的にしか捉えられていないためと考えられる。なお、①は毎年、②と③はおおむね三〜五年おきのデータである。

これらのなかで入手しやすい③を基本に、その他の資料を補足して、「どのような道路を、どのような自動車が、どれだけ通行しているか」

図3—2　道路種類別の自動車・二輪車・自転車走行量

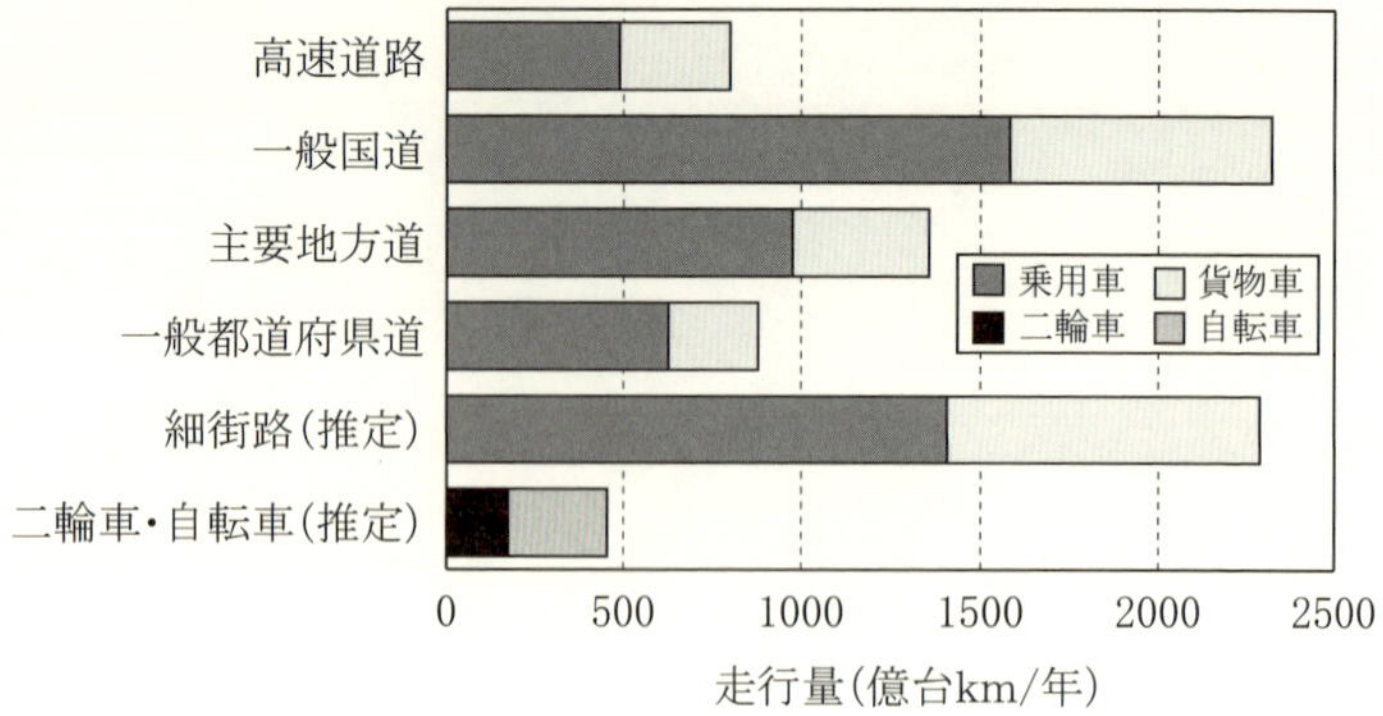

(出典)表3—1①〜④より筆者試算。

の概略を図3—2に示す[10]。また、二輪車や自転車の全国的な走行量については全国を統一的に集計したデータはないが、既存の研究[11]や筆者の推計[12]からこれらの走行量も併記した。

集計結果では、高速道路でも一般道でも乗用車が多い。細街路はおもに市町村道であり、二輪車や自転車の走行も注目される。図上では二輪車や自転車の走行量は少ないようにも見える。だが、別の見方をすれば、自転車の走行量は台・kmにして高速道路の自動車走行量の六五%にも達する。

3　道路の「性能」を表現する

道路の性能と交通容量

一般のドライバーを対象としたアンケートによると、多くの場合、道路交通に関してもっとも改善の要求が多い項目は、混雑の緩和である。[13] なお、一般には「混雑」と「渋滞」はほとんど同じ意味で使われている。しかし、交通工学上の定義では、単に速度が遅い状態だけではなく、ある部分で自動車の流れが詰まる箇所（ボトルネック）があり、その後方に行列が伸びていく状態を渋滞と呼んでいる。全体の流れの速度が遅くても、行列が伸びていかなければ、渋滞ではない。

もっとも、通常のドライバーの感覚では、自分の運転する自動車が、他の自動車の干渉のために自由に走れず、ある出発地から目的地まで移動するときに、自分の期待や許容より時間がかかって不満を抱く状態が渋滞と呼ばれているように思われる。いずれにしても渋滞は、「道路容量（ある道路区間で、自動車交通を支障なく流せる可能な台数）」に対して、「交通量（実際の自動車の通行台数）」が上回ることによって生じる。

一車線・一時間あたり数百台程度の自動車が通行している状態では、信号や制限速度、その他の規制上の要因は別として、どの自動車も先行する車両の干渉を受けず自由に通行できる。道路ぎわに立って観察すると、平均して一〇秒に一台ぐらいの自動車が通る状態を想像すればよい。しかし、通行台数が増加してくると車間距離が詰まり、速度が低下してくる。その低下の仕方は、道路の状況により異なる。

そこで道路計画にあたっては、道路の「性能」を数量的に表す必要がある。各道路の「個性」といってもよい。さまざまな個性をもった道路が相互につながってネットワークを形成した状態が、現実の道路状況である。この道路の性能が、どの道路に、どれだけ交通量が流入するかを決める基本となる。そして、将来のある時点に、ある道路が新しく開通したとき、その道路および周辺の道路の状況がどう変化するのか、ひいては大気汚染や騒音などがどう変化するのかといった環境面の状況も左右する。したがって、その表し方を理解しておくことは重要である。

平坦で車道の幅員が充分に余裕あり、踏切・交差点など障害物がまったくない道路が続いているとしたとき、交通容量は一時間・車線あたり一二五〇台（上下一車線ずつの道路）〜一一〇〇台[14]（多車線の道路）を標準にする。ただし、このような理想的な道路は現実には存在しない。実際には、車道の幅員、車道の側方の余裕の有無、沿道の状況（市街地、山間地などの別）など各種の条件によって、補正した減少率を乗じた交通容量が用いられる。

これに加えて、信号（交差点）の影響がある。交差点にはさまざまな形状があるとともに、信号のサイクルの影響がある。たとえば単純な十文字の交差点であっても、信号が一巡する間に進行方向に対して青信号が表示されている割合は、警察側の信号サイクルの設定によってさまざまである。複雑な交差点では、右（左）折専用レーンや右（左）折専用信号が設けられているなど、多岐にわたる条件がある。これらの諸条件も考慮して、各道路ごとに交通容量が求められる。

交通量と速度の関係

実際に道路上で、通行する多数の自動車について交通量（一時間あたりの走行台数）と平均速度を測定すると、図3―3（首都高速道路の例）のような分布が観測される。車線あたりの交通量が一時間あたり数百台程度のときには、六〇～八〇km／時程度の速度で流れている（「自由流領域」という）。交通量が増加するにつれて平均速度が低下していき、交通量が一時間あたり一八〇〇台程度になると、平均速度は四〇km／時程度になる。高速道路（交差点や横断歩道による干渉がない道路）では、このあたりから「渋滞流領域」になる。この境界の速度は臨界速度と呼ばれる。交差点のある一般道路でも、交通量と平均速度の間に似たようなパターンの関係が観察され、一般道での臨界速度は一五km／時程度である。

図3—3　交通量と平均速度の関係

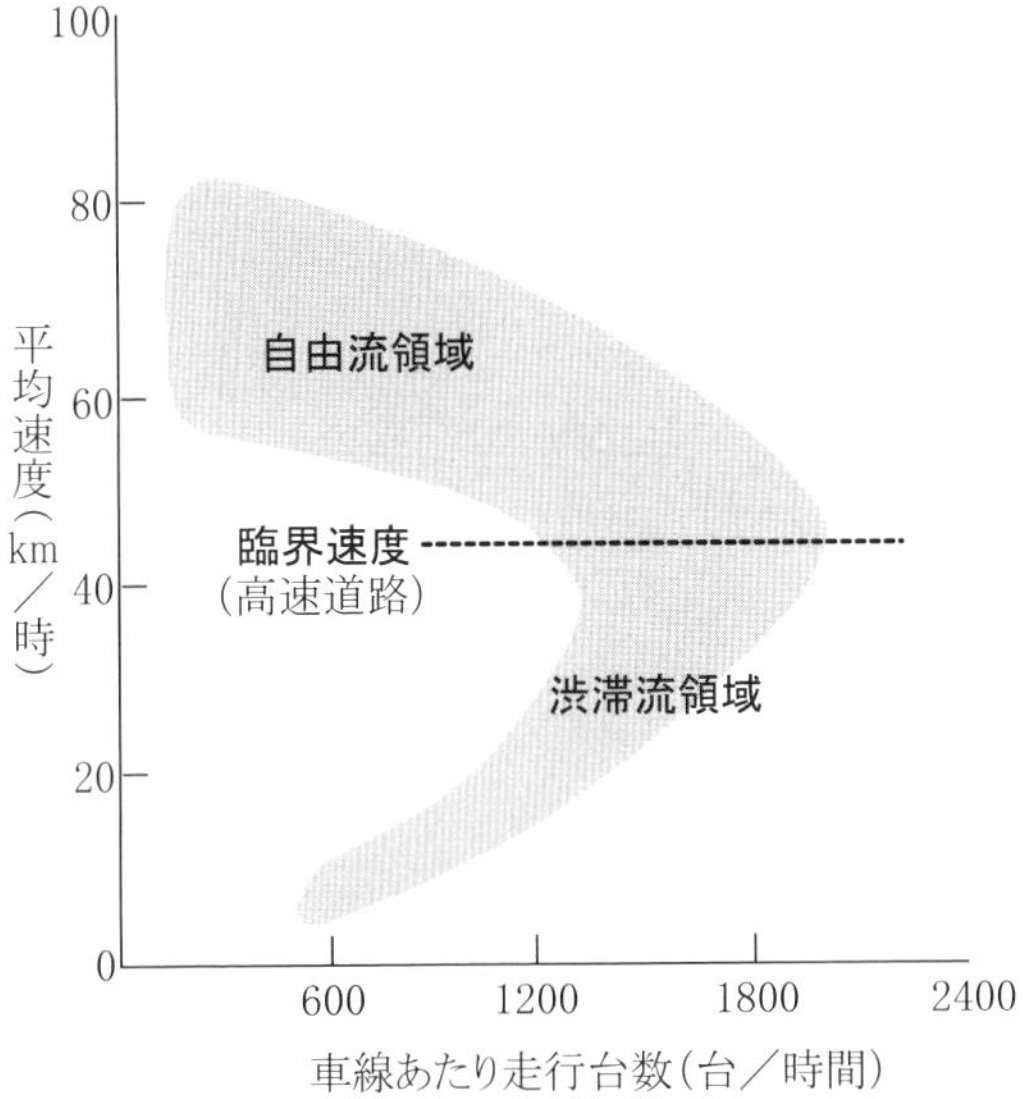

（出典）越正毅『交通工学通論』技術書院、1989年、111ページより要約。

　このように、単位時間あたり、どのくらいの交通量を、どのくらいの速度で流すことができるかについて、ある道路の性能をコンピュータによるシミュレーションで扱えるように、代表的な直線あるいは曲線で表す。これにもいくつかの方式があるが、その一つとして**図3—4**に「BPR関数」と呼ばれる

図3―4　交通量と速度の関係式(BPR関数を速度として表現)

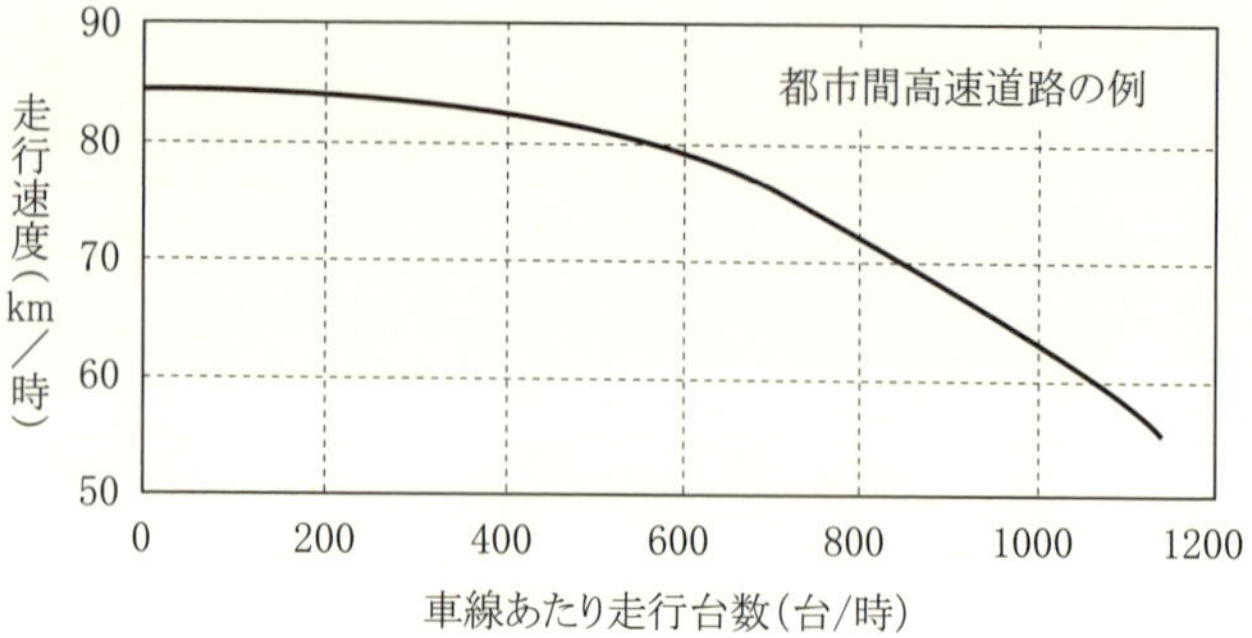

(出典) 松井寛・山田周次「道路交通センサスデータに基づくBRP関数の設定」『交通工学』33巻6号、1998年、9ページより筆者作成。

形式の例を示す。各種の道路での交通状況を観測して統計的に整理したもので、これが最終的に「どの道路に、どれだけ自動車が通行するか」という結果を計算するにあたっての基本的な条件となる。

ただし、実際の道路上の交通状況は、時間帯・曜日・季節などによって大きく変動するし、性能の異なる多様な車種が混ざって通行していたり、バス停などの変動要素もある。いろいろな関係式が提案されているが、いずれも「交通量が増加すると速度は低下する」という一般的な関係は表現できるものの、現実の道路上の交通をすべて厳密に再現できるわけではない。これが市民にとってどのような現実の問題につながるかは後述する。

新しい道路が整備されたとき、周辺の道路交通量ひいては環境がどのように変化するかは、市民にとって重大な関心事である。また、有料道路の場合には「料金抵抗」を考慮する必要がある。たとえば、二本の道路がおおむね並行して同じ目的地を結んでいるとき、通常の道路利用者は、所要時間の短いほうをおのずと選択する。ただし、一本が所要時間は短いが有料であるとわかっているときは、利用者はその時間短縮と費用を勘案して、どちらを利用するかを決める。

この場合の高速道路は、所要時間が短い（利用者にとっては抵抗が少ない）と同時に、料金がかかる（抵抗が大きい）という相反した特性をもつ。すなわち、同じ高速道路であっても、料金を高く設定すれば、一般道からのシフトは少なく、料金を低く設定すればその逆となる。そうした選択の集積が、ひいては道路交通量や環境の変化に影響を及ぼす。このため、料金を時間価値（円）に換算した数字を、その道路の所要時間に加えることによって、どちらがどのくらい利用されるかを、同じ基準で計算する必要がある。その具体的な換算値は第5章2でくわしく紹介する。

日本中が渋滞なわけではない

第1章で示したように、交通量の増加に道路整備が追いつかないのは一面の事実である。しかし、全国いたるところで、常に渋滞が発生しているのだろうか。

図3―5に、全国的な統計から、混雑度の距離別の分布を示す。また、混雑度と実際に観察される道路交通の状況（渋滞）の目安を表3―2に示す。

図3―5　全国の混雑度の距離別分布

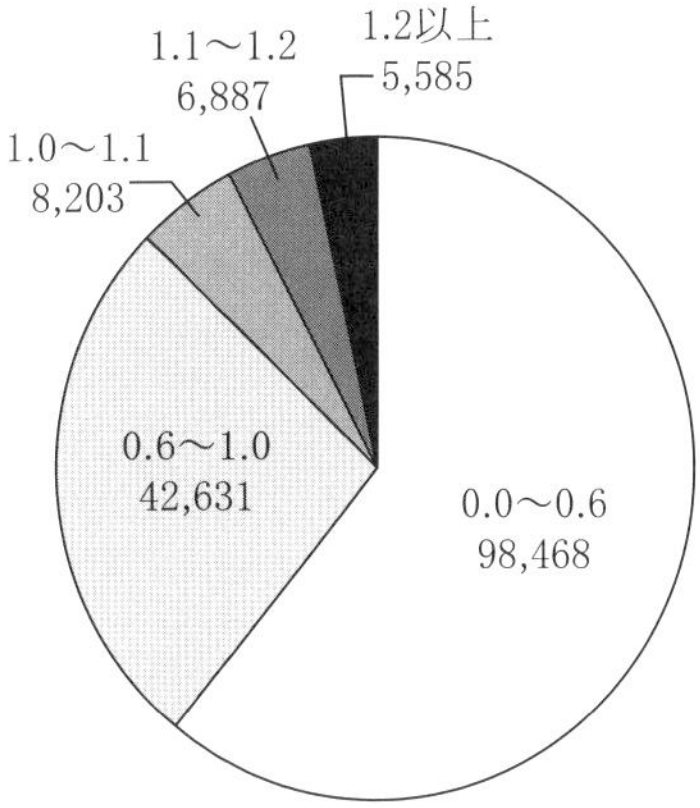

（出典）『平成17年度道路交通センサス』箇所別基本表より。

表 3–2　混雑度と道路状況の対応

道路交通の状況	対応する混雑度（目安）
主要な信号交差点でおおむね毎日激しく渋滞し、信号 3 回待ち以上となることが多い	1.3
主要な信号交差点でおおむね毎日渋滞する	1.2
主要な信号交差点で渋滞することがまれにある	1.1
主要な信号交差点の交通量の多い方向の停止線において、青信号いっぱいで信号待ち行列がさばける（もっとも交通量の多い方向でも、渋滞が発生しない）	1.0
主要な信号交差点の交通量の多い方向の停止線において、青信号の 50% 程度で信号待ち行列がさばける	0.6

（出典）運輸政策研究機構「地方鉄道に係る費用対効果分析に関する調査」2005 年 3 月、28 ページ。

混雑度が一・一で、「主要な信号交差点で渋滞することがまれにある」という程度であり、それ以下の混雑度では渋滞に相当する現象は起こらない。図にみられるように、一・二を上回る部分は、全国の調査対象距離（一六万一七七三㎞）のうち五五八五㎞（三・五％）にすぎない。現実に渋滞がいっこうに改善されないように感じられるのは、交通量が地域的・時間的に偏在することが原因であって、単純に「道路整備により渋滞が解消される」と考えるのは誤りである。

4　道路の計画と評価の手順

段階的推計法

前項までは、道路に関する個別の要素について説明した。これらを組み合わせて、実際の道路の計画や評価が行われる。たいていの主要な道路の事業では、図3—6に示すような「段階的推計法」の手順によって計画され、市民が直面する「渋滞がどうなるのか」「料金や所要時間がどうなるのか」「大気汚染や騒音がどうなるのか」などは、この図のⅣで得られる「経路配分交通量」の結果を基本にして評価される。また、この結果は、道路の車線数など設計上の基本的な仕様の根拠ともなる数字である。すなわち、配分交通量がすべての議論の基本であるといってもよい。

段階Ⅳよりも前のⅠ～Ⅲ、さらにその外側にある①～⑤の計算方法や条件の設定によっても、Ⅳの結果は影響を受ける。言いかえると、上流での計算結果を、次々と下流の入力条件として計算するのであるから、上流での前提条件や計算方法が異なれば、下流の計算結果もすべて異なってくる。市民側でも、事業者の説明

図3—6　道路計画の全体手順

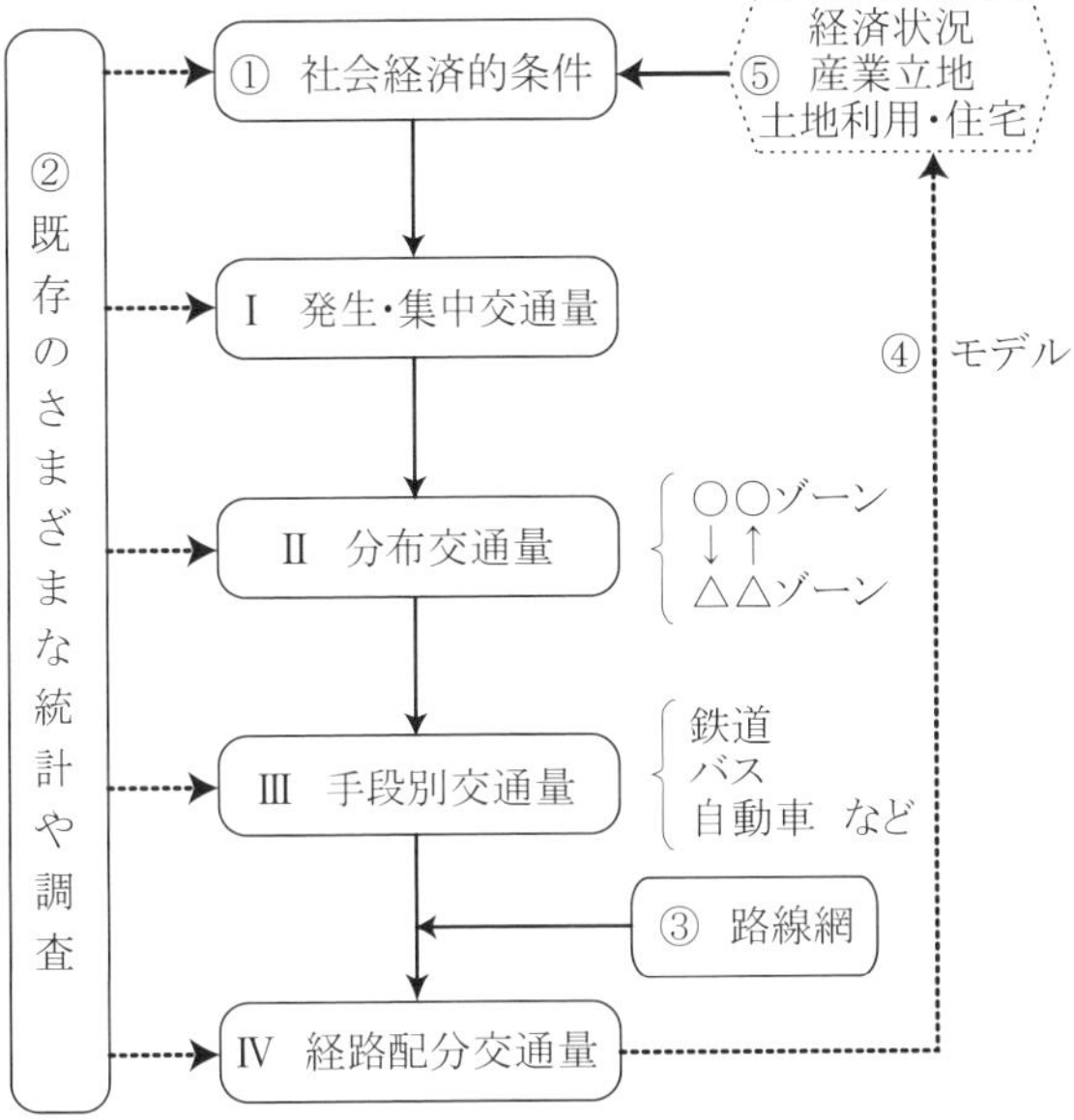

（出典）筆者作成。

をより的確に検討・評価するには、どの要因がどのような影響を生じるかについて知っておくことが必要となる。

ところが、一般に事業者側の説明では、該当する道路についてⅣの結果だけしか示されない場合が少なくない。しかも、この段階的推計法からは具体的に算出されるはずのない、たとえば「生活道路の通り抜け交通が減る」といった結果までが道路整備の「効果」として示され、想像図などに表現されていることもある。こうした単なる「期待」にすぎない内容までが、あたかも綿密な計画によって算出されたかのような体裁で示されるために、ますます市民の不信を招く原因となっているのである。

計画と評価の基本的な枠組み

道路計画とは、あくまで将来のある時点で出現するであろう現象(交通量、旅行速度、車種の割合、走行する車両の起点・終点別の内訳や、それらの数量をもとにした環境予測など)を推計する作業である。したがって、いかに精緻な計算手法を用いたとしても、結果が絶対的に正しいかについて、誰も事前に断定できないし、将来のその時点になったときに完全に合致するという保証もない。計算方法や前提によって変わりうる数字であると認識すべきである。このためなおさら、結果を示すときには、計算の方法や前提を明確にしなければならない。

図3-7のA1のデータは、現時点でのそれぞれの道路で発生している状況(交通量、旅行速度、

図３−７　道路整備効果の評価の考え方

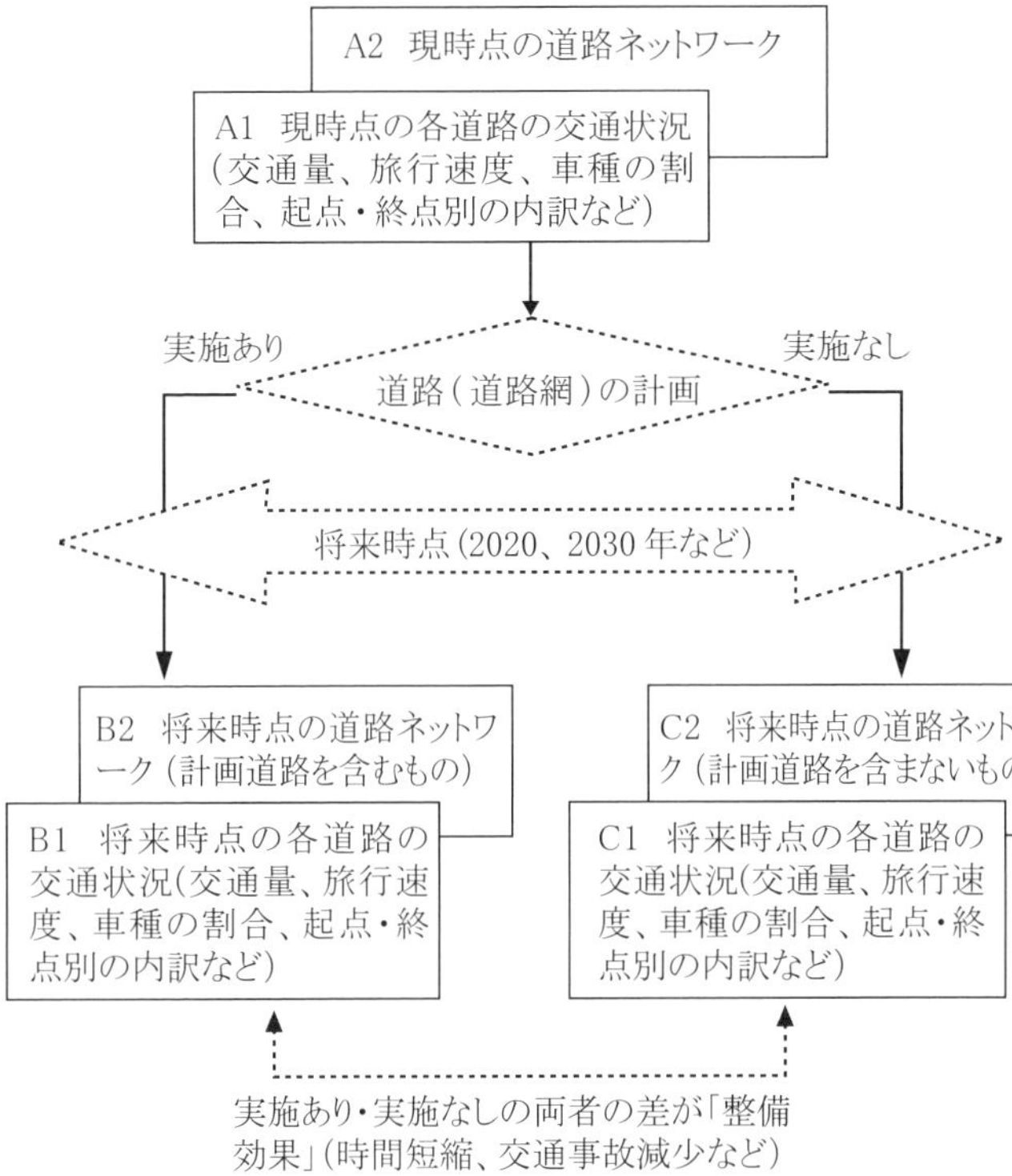

（出典）筆者作成。

車種の割合、走行する車両の起点・終点別の内訳など）である。また、それぞれの道路は相互につながり、全体として地域の交通状況を形成している。その状態はＡ２（現時点の道路ネットワーク）のデータである。これらはいずれも現に存在する状況であるから、測定あるいは調査できる。具体的には本章２で示した道路交通センサスなどがそれにあたる。

　次に、ある道路を計

画・評価する場合、最終的にはその道路の整備が「実施あり」「実施なし」の双方のケースについて、ある予測年（二〇二〇年、二〇三〇年など）についてそれぞれの道路状況（同じく、交通量、旅行速度、車種の割合、走行する車両の起点・終点別の内訳、それらの数量をもとにした環境予測など）を比較して、どのような変化（よい影響もあれば悪い影響もある）が生じるかを推計する。ここでB2・C2は、現時点の道路ネットワークではなく、ある予測年（二〇二〇年、二〇三〇年など）に存在しているであろう道路ネットワークである。

したがって、道路計画の評価を行う場合に、検討の対象となる道路だけではなく、その他の関連する道路についても、どこが存在して、どこが存在しないのか、また既存の道路についても、改良などによってどのような変化が想定されているのかを明確に示す必要がある。計算結果とともに各種の前提が開示されなければ、事業者側の説明が妥当か否かを評価できない。

それぞれのステップ

①発生・集中交通量

人や物の動きは「ゾーン」という単位を起点・終点として取り扱われる。このゾーンは市区町村を基本とするが、人口密集地から農山村部まで異なった条件の地域が含まれる市町村もある。これらを一括して起点・終点として扱うと誤差が大きくなるので、市区町村をさらに細分したゾーンを設ける場合もある。しかし、それらのゾーン間すべてについて総あたり計算を行うと計算量

図3―8 「ゾーン」の例(東京都区部)

(出典) 国土交通省関東地方整備局東京外かく環状道路調査事務所ホームページ「第1回東京外かく環状道路の計画に関する技術専門委員会資料6―1」2005年。

が膨大となって非現実的であるし、一般に距離が遠いゾーン間になるほど交通量は少なくなる。

そこで、くわしく検討したい地域や、交通の行き来が多い地域を細かく分割し、遠くなるほど大まかに合体させるなど、計算の精度を崩さないように配慮しながらゾーンが決められている。図3―8にゾーンの例を示す。

このゾーンについて、人や物がどのくらい出発(発生)し、あるいは到着(集中)するかを推計する。たとえば、ゾーン内に人が住んでいれば、必ず一定の比率（人口あたり何人といった比率）で通勤・通学する人がいるし、買い物に出かける人もある。その比率は、ゾーン内の年齢構成や職業構成などによって変化する。また、毎日ではなくとも、娯楽その他さまざまな私用で遠出をする人もいる。一方で、ゾーン内に企業や商店があれば人が集まってくる。たとえば商店については、その床面積が多いほど多くなるなど、多くの要因から推計される。貨物（物流）も考え方は同じである。

②分布交通量

次に、あるゾーンから発生・集中する人や貨物の動きが、別の多数のゾーンにどのように割り振られるかを推定する。たとえば人口が多く、距離が近いゾーンほど、そこに対する交通量が多くなる、といった物理的な条件による振り分けが一般に用いられる。ただし、歴史的・文化的に特定のゾーン同士の結びつきが強いというような特有の条件が存在する場合もあり、必ずしも機械的な配分だけでは現実を表す振り分けにならない。

そこで、現時点の統計や調査から、それぞれの組み合わせごとの交通量の現状がわかっていれば、経済成長や人口の変化に伴って、全体にスライドした交通量が将来発生すると予測する考え方も成り立つ。こうした考え方に基づいて推計する方法もある。

③手段別交通量

②のステップで、ゾーン間（自己ゾーン内も含む）の人や物の動きの合計量は求められる。しかし、それらがどのような手段（徒歩・自転車・バス・鉄道・乗用車など）で移動しているかは、まだわから

ない。そこで、人や物の動きについて、徒歩・自転車・バス・鉄道・自動車（乗用車）などどのような手段に分担されるかを推計する。

これまでと同様に、過去・現在の値は各種の統計や調査によって、将来の値は分担率推計モデルにより算出する。たとえば、鉄道そのほか公共交通の分担率に影響を与える要因は、所要時間（速度で考えてもよい）、運賃（費用）の高低、駅や停留所の数あるいは路線の疎密、運行本数の多少などが考えられる。これらのうち、推計の目的に応じて必要な要因を選定して、分担率モデルがつくられる。

道路計画の実務上では、この手段別の分担の計算を省略し、あらかじめ別のシミュレーションで計算済みの自動車交通量を利用して、Ⅳ以降の計算を行うことも少なくない。この場合、道路交通状況の変化による他の交通手段の分担（徒歩・自転車・バス・鉄道・乗用車など）への影響は計算に反映されず、あくまで総量が固定された自動車交通量が計算に用いられる。局部的な道路計画ならこれでも大きな誤差はないと考えられる反面、広域的な道路計画では妥当性を欠く要因となる。

④経路配分交通量

③までのステップで、ゾーン内あるいはゾーン間の人や物の動きがどの手段（徒歩・自転車・バス・鉄道・乗用車）に分担されるかの結果が得られる。しかし、道路整備に対する市民の関心の中心である「どの道路に、どれだけ自動車が通行するか（場合によっては、環境に影響が大きい大型車の割合など）」については、まだ計算されていない。それを計算するのが経路配分である。

四段階推計法の最終段階として、「どの道路に、どれだけ自動車が通行するか」を計算するのがこのステップであり、「分割配分法」と「利用者均衡配分法」という二つの方法に大別される（本章6で解説）。いずれも、いくつかの仮定を設けて交通現象を模擬的に表現するモデル式なので、現状の道路ネットワーク（一〇九ページ図3–7に示すA2）における交通量が再現できるように、いくつかの調整を行う。次いで、将来のある時点における道路ネットワーク（図3–7に示すB2またはC2）に対応して、再度、経路配分を行う。その結果が、最終的に知りたい情報（交通量、旅行速度、車種の割合、走行する車両の起点・終点別の内訳）として算出される。

5　経路配分の実際と問題点

道路ネットワークの表現

現実の道路をもとに、図3–9のように、検討の対象となるエリアについて、計算のための道路ネットワークが設定される。このエリアは、圏域（首都圏など）・都道府県・市区町村など検討の目的によって、さまざまな大きさに設定される。ただし、ネットワークは現実に存在する道路そのものではなく、計算のためにそれを模擬的・記号的に表したデータの集まりである。計算にあたって、現実に存在する道路をすべて忠実に再現するにこしたことはないが、データが膨大となるか

図3―9　計算用のネットワークの例

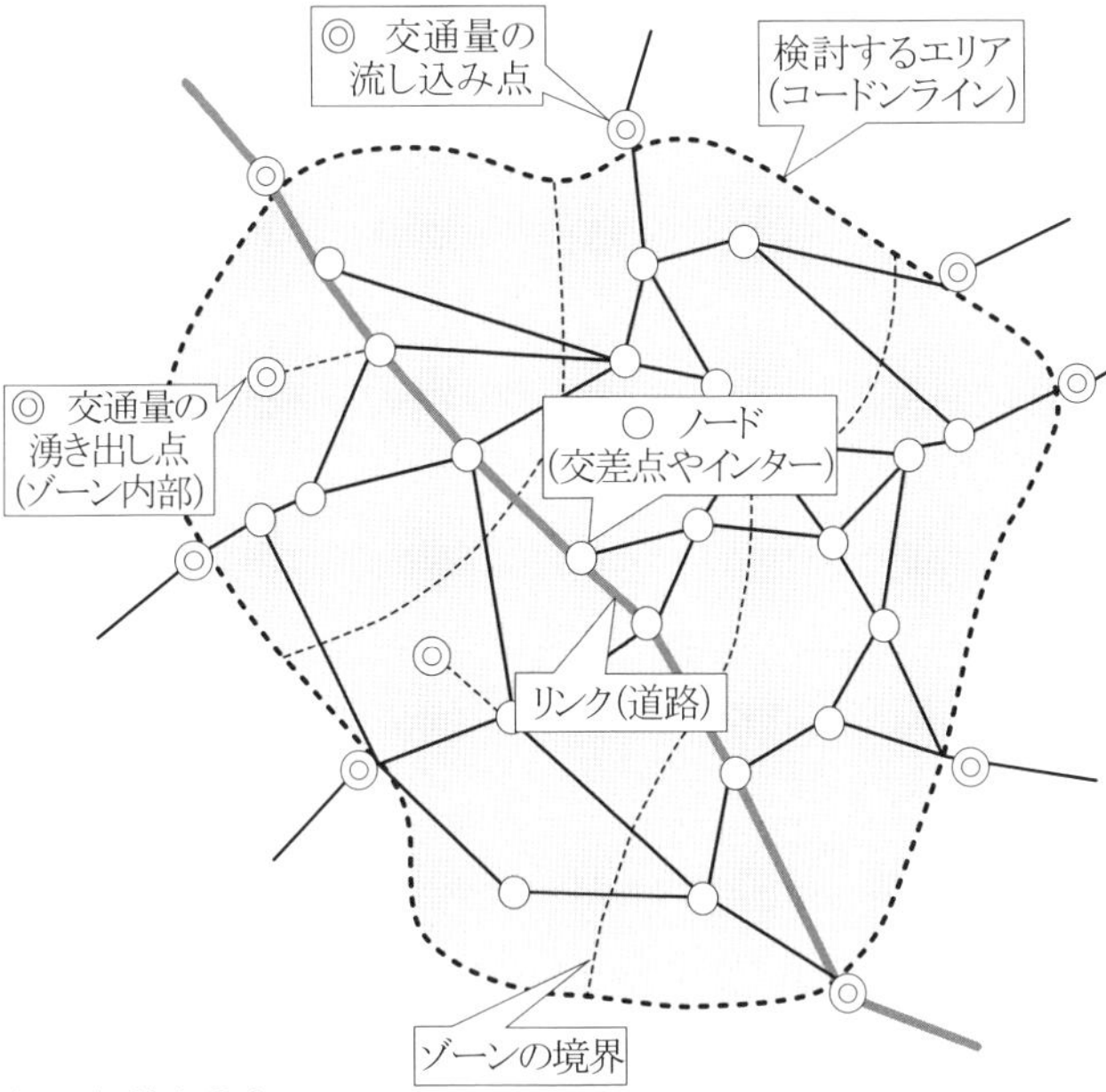

(出典) 筆者作成。

ら、交通量の少ない道路を省略するなど便宜上の簡略化がなされる。

この段階で現実の道路をどこまで省略するかによって、後の配分の結果も影響を受ける。しかし、どの程度まで省略(集約)するかについて、計算業務を発注する側の事業者(国土交通省や自治体)に規則があるわけではなく、計算業務を受託するコンサルタント会社に任されている。

そのため、さまざまな条件は、コンサルタント会社の担当者によって独自に決められる。これは逆に、同じ地域・同じ交通量に対するシミュレーションであっても、道路ネットワークの設定方法によって異なった配分結果がもたらされる可能性を意味する。これは意図的な隠蔽・捏造とはいえないものの、事業者側と市民の信頼関係が損なわれている状況では、意図的にデータをごまかしていると受け取られる要因にもなりやすい。

「ノード」と「リンク」

図3—9には、◎や○の記号がある。エリアの外周(破線のライン)に接している◎は、検討するエリアに流入するおもな道路で、交通流が流れ込む点である。たいていは高速道路や主要な道路に相当する。首都圏でいえば、東名高速、中央高速、その他の幹線道路などである。現実には、これ以外にも交通流が流れ込む地点は無数にあるが、計算上の便宜から、これらの◎だけから交通流が流れ込むと仮定して計算することがある。一方でこのような仮定のために、現実の交通状況を完全には再現できず、現実からの乖離を生じる原因ともなる。

エリアの内部はいくつかのゾーンに区切られている。このゾーンは図3—8(一一一ページ)に例示したゾーンと同じである。ゾーンの中にある○を「ノード」と呼ぶ。一般道路では交差点、高速道路ではインターチェンジやジャンクションがノードにあたる。さらに、ノード相互を結ぶ線は「リンク」と呼ばれる。要するに、それぞれの道路のことである。それぞれの交通状況(交通量、旅行速度、車種の割合、それらのデータから計算される大気汚染や騒音など)は、このリンクのデータを現在あるいは将来について計算した結果であり、市民がもっとも関心を抱いているデータである。

ゾーンの内部にも◎があり、そのゾーン自体から出発・到着する交通量（湧き出し点）である。すなわち計算上、そのゾーンの交通量を一点で代表させて取り扱うことに相当する。このように、あるゾーンに流入・流出する交通量を代表の一点で表しているために、そのゾーン内での細かい交通の分布は理論的に算出できない。さらに、あるゾーンの中に起点・終点をともに有する短距離交通はネットワークの計算には含まれないが、これらの一部も幹線道路を使っている可能性がある。そうした交通をどのように取り扱うかは計算の担当者に委ねられており、詳細は公開されない。

したがって、ある幹線道路の整備に伴って、周辺の生活道路での通り抜け交通がどのように変化するかなどは客観的に説明しえないにもかかわらず、現実には道路整備の「効果」として取り上げられる場合がある。

ネットワークやゾーンの取り方によって異なる結果

ネットワークの集約化・簡略化が行われているのと同様に、将来のある時点で、どの道路ができているかなどの想定も、検討ケースによって異なる。一方、ゾーンも計算の都合によって、ある部分は細かく、その他は大きく集約するといったように、検討ケースによって異なった設定がなされている。さらに、図3―9（一一五ページ）に示したエリアの流し込み点（エリアの外周に接した◎）より上流の部分で計算上の集約や省略をした部分は、配分計算の過程にかかわらず、一定の固定された仮定値となる。

こうした制約から、計算結果は必ずしも現実を正確に表現できない。たとえばエリア内でいくつか道路整備が行われて、あるルートが以前のルートよりも便利（場所によっては不便）になるなどの変化が生じると、利用者はそのエリアに入るルート（流入点）そのものを変更することも当然考えられる。したがって、流し込み点の交通量も実際には変化するはずである。しかし、現在の推計方法では、こうした変化の反映がなされない場合もある。これらの問題は、たとえば次のようなトラブルにつながる。

A県とB県でそれぞれ、幹線道路ネットワークの交通量予測を行った。たまたま県境の橋に接続する道路の改良計画が問題となり、双方の交通量予測をつき合わせてみたところ、同じ道路・同じ予測年度でありながら、予測交通量が二倍以上も異なっていたのである。このため説明がつかなくなり、事業者が提出した報告書では交通量を「調整」していることがわかった。

しかも、その方法は、せっかく手間をかけて行われたネットワーク配分計算の手法や結果を無視して、周辺道路の交通量を目算で振り分けたものにすぎなかった。本章1で、専門家が「市民グループが将来OD表から一部の数字をおもむろに差し引いた」として、市民が精緻な手法によらない議論をしているかのように述べている。しかし、数字を「おもむろに」引いたり足したりしているのは、この事例のように行政の側である。

たまたまこの道路は、A県側で行政と市民の間で紛争を生じ、A県側の予測交通量のほうが少なかったため、市民側から「意図的な過小予測」と批判されている。両県で独自の計算を行った時点では、意図的なデータの操作が行われなくても、計算法の制約によってこうした不整合が生じることがある。

このように、現実の道路網に対してどれだけ「集約」や「省略」したか、流し込み点をどこにどのように設定したかなど、さまざまな計算の前提を検討しなければ、事業者が提示する推計結果が検討の目的に照らして適正であるか否かは評価できない。

6　配分上の不確実要素

計算方法によって結果が異なる

配分計算法において分割配分法と利用者均衡配分法のどちらを使用するかや、計算上の手順によって、たとえ担当者が意図的に結果を操作する意図がないとしても、同じ入力条件に対して異なった結果が出現する。交通量の推計が計算法によって異なれば、その結果を用いて検討される将来の大気汚染や騒音がどうなるかなどの予測にも、異なった結果をもたらす。

図3―10は、ネットワークの一部を取り出して模式化したごく簡単な例である。同じ条件に対して二つの計算法の違いによる結果の相違を試算した。二つの地点間に一時間あたり一二〇〇台の

図3—10　二つの計算法による交通量と所要時間の相違(数字は仮設例)

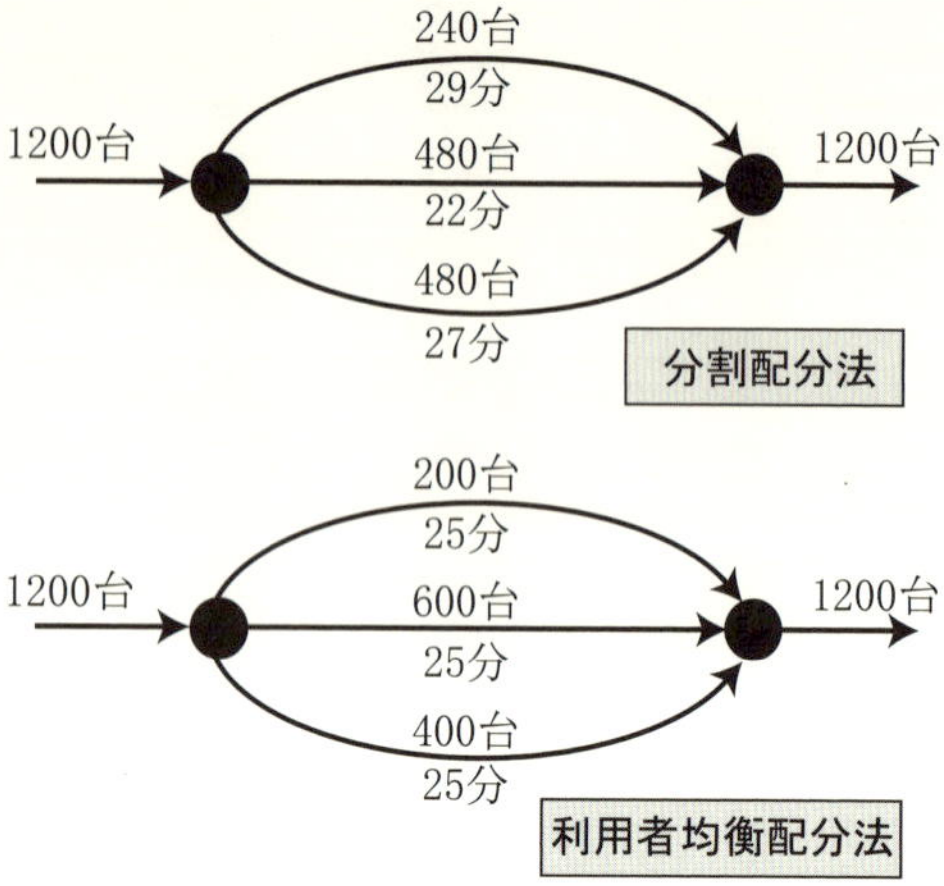

(出典)土木計画学研究委員会交通需要予測技術検討小委員会編『道路交通需要予測の理論と適用　第Ⅰ編利用者均衡配分の適用に向けて』土木学会、2003年、39ページ。

交通量があり、たとえば中央の経路では、分割配分法では四八〇台・二二分になるのに対して、利用者均衡法では六〇〇台・二五分といったように、交通量も所要時間も異なっている。

現実の道路事業の実務では、事業者(国土交通省や自治体)は結果の報告だけを受ける状態であるため、計算手法や根拠の説明を求められても回答できない場合が少なくない。しかも、ネットワークデータや計算プログラムは企業側の資産であるとして、情報公開請求の対象にならないことも、不透明性を高めている。

さらに、情報公開に関連して、行政が驚くべき不誠実な対応を示す場合がある。たとえば、広域にわたって多数の自動車がどこからどこへ移動しているかを調査した基本的なデータとして「自動車ＯＤ表」がある(一二五ページ(4)参照)。大量のため、電子データでなければ検討・分析ができない。ところが、市民の情報公開請求に対して「電子データは存在しない」として、紙で一〇〇〇枚を超えるような資料を交付しようとした事例がある。現代の常識として、こうした多数のページをプリントアウトすること自体、故意に検討・分析を妨害する意図があると推定されてもやむをえないとともに、税金のむだ遣いでもある。

図3―10のような簡単な例では、分割配分法でも利用者均衡配分法でも大差ないような印象を受ける。しかし、現実の複雑な道路ネットワーク上では、結果の評価に際して大きな問題を生ずる。たとえば分割配分法は、旅行時間(ある区間の通過時間)を過大に推計する傾向がある。

図3―11は、浜松都市圏における一九九六年の調査をもとに、二つの計算法によって各道路区間の所要時間を計算し、実績値と照合して再現状況を比較したものである。計算値が図の対角線上に集まっていれば、実績をよく再現したとみなされるが、分割配分法では実績より大きく、利用者均衡配分法では実績より小さく計算される傾向が示されている。

ここで道路整備の効果を評価するという観点から考えると、たとえばある区間について利用者均衡配分法を用いたとき、道路整備がない場合の所要時間は二〇分で、道路整備がある場合は一〇分に短縮されたとする。すなわち一〇分の短縮である。一方、分割配分法を用いると、同じ条件であっても、所要時間が過大に推計されるから、たとえば道路整備がない場合の所要時間は四〇分で、道路整備がある場合は二〇分に短縮されると推計される。すなわち二〇分の短縮である。全区間にわたってこうした傾向が集積するから、シミュレーションに分割配分法を用いていれば、地域全体としての時間短縮効果は過大(この例では二倍)に推計されるという結果をもたらす。

図3―11　二つの計算法による所要時間の相違

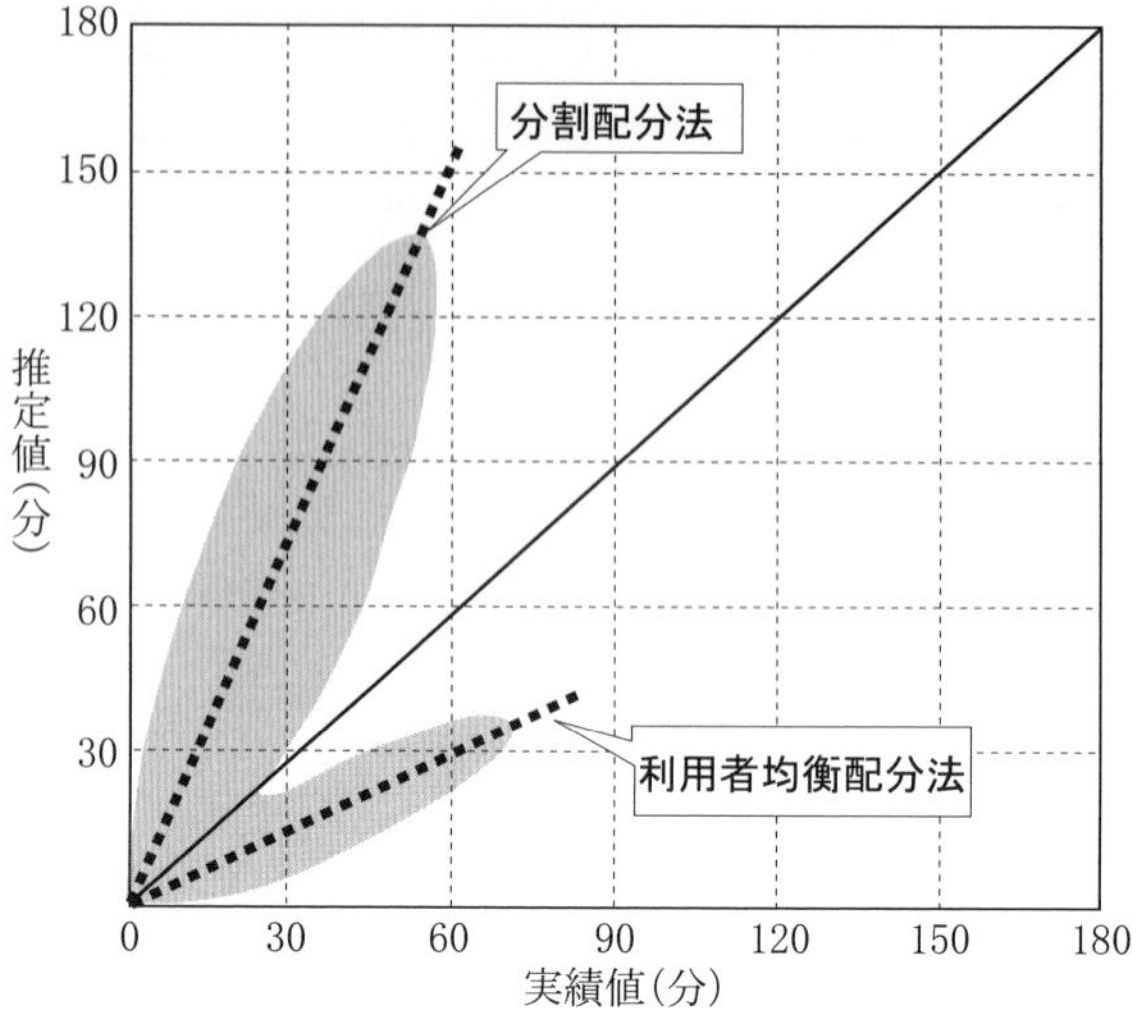

（出典）土木計画学研究委員会交通需要予測技術検討小委員会編『道路交通需要予測の理論と適用　第Ⅰ編利用者均衡配分の適用に向けて』（土木学会、2003年、104ページ）より要約。

都心から半径四〇～六〇㎞の地域を一周する予定の首都圏中央連絡自動車道（圏央道）の東京都八王子市―青梅市の区間においては、事業の差し止めを求める訴訟が提起されている。事業者側（国・東京都）は、事業の公共性を示す一つの根拠として、この区間を整備した場合、渋滞緩和による時間節約を金額に換算した効果として、年間七〇〇〇億円余の便益があるとした。これに対して、事業者が用いている分割配分法ではなく利用者均衡配分法で計算すると、同じ条件であっても、想定される便益額が一挙に半分以下になる可能性もある。このように、事業者側が提示している数字は、計算法や前提の吟味なしには採用できない。

図3―12　高速道路上の時間帯による交通量変動の例

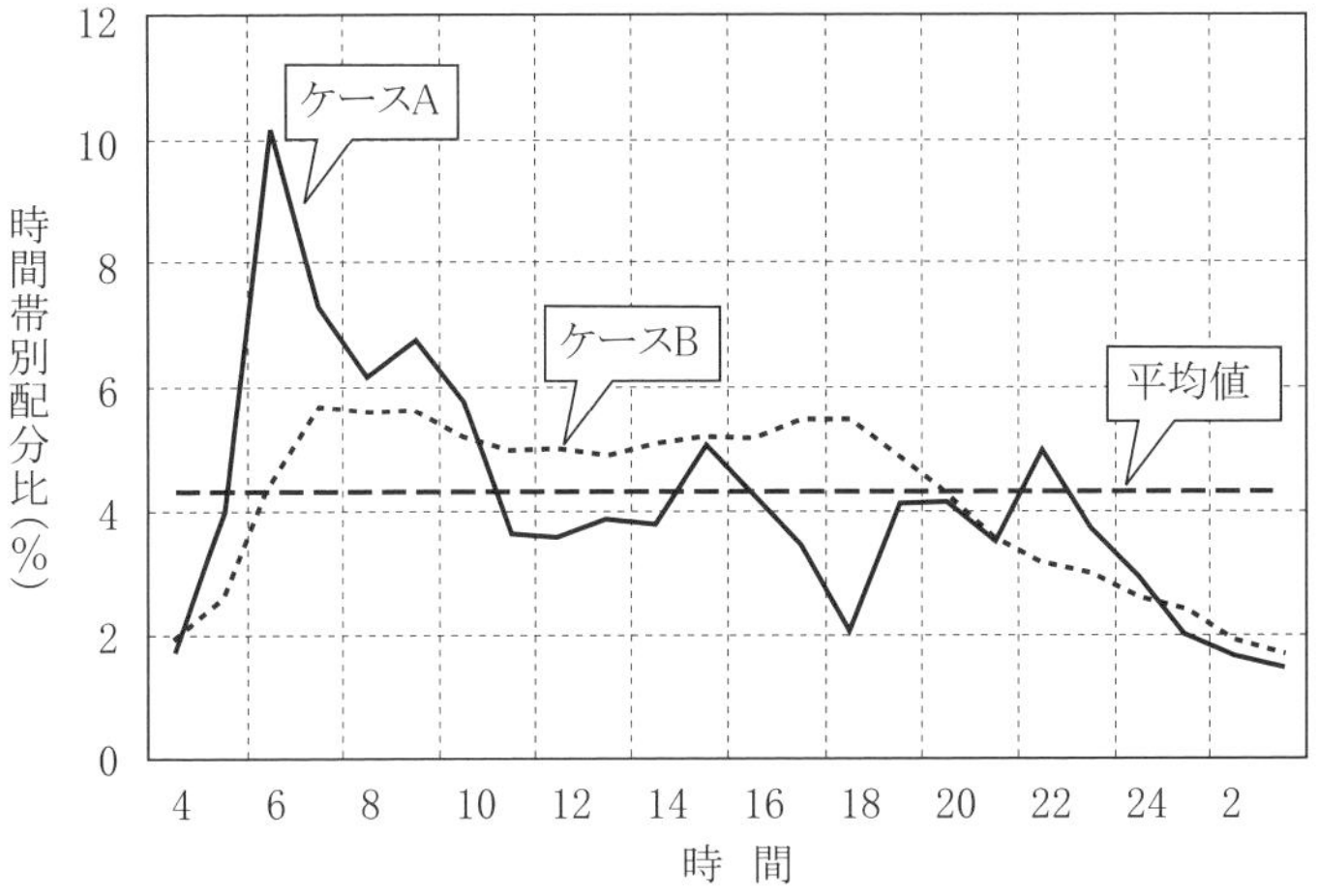

(出典) 中村毅一郎・森田綽之ほか「都市内高速道路シミュレーションモデルの適用について」第27回土木計画学研究・講演集、2003年、棚橋巌衣・笠幸夫ほか「自動車の排出量推計のための時間帯別均衡配分による交通流推計」第31回土木計画学研究・講演集、2005年より。

分割配分法は、交通量を求める目的で長年使われてきたという経緯はあるものの、所要時間の結果については信頼性が低いことが学会でも指摘されてきた[15]。したがって、時間の短縮効果を経済価値に換算して評価するような目的には適していない。

渋滞や車種の割合は表現できない

現実には図3―12のように、実線(ケースA)と破線(ケースB)の二つの道路がある場合、時間帯別にみると図のように交通量の変動パターンに差があることは珍しくない。双方の道路上で起きる渋滞現象や走行速度は、まったく異なるであろう。しかし、双方とも一日の平均値は同じである。

多くの道路計画で採用されている分割配分法で使われる交通量は、この仮想的な一日平均交通量を用いて計算されるため、ケースAとケースBの状況の違いは計算に反映されない。多くの道路整備が「渋滞の解消」「走行速度の向上」を目的として行われるにもかかわらず、その状況を正確に予測・評価できるような計算はなされていないのである。

時間帯によって、ある道路を走行する車種の比率(とくに大型車)が変化することも、沿道の人びとにとっては切実な問題である。たとえば「高速道路が開通して周辺の道路の交通渋滞が緩和され、道路環境が改善される」と説明されても、それだけでは住民の疑問に答えていない。

現実の道路上では、昨今の燃料価格の値上がりとトラック輸送のコスト低下競争の結果として、以前は高速(有料)道路を使っていた大型トラックが一般道路に移行している。高速道路料金を運送会社が負担せず、ドライバーの個人負担とする実態さえあるという[16]。このため、乗用車の通行が減って道路が空いてくる夜間から早朝に、大型トラックが一般道に移り、沿線住民の睡眠妨害をもたらすかもしれない。このような懸念に対して、現在の道路事業者が用いている計算法では何の示唆も得られない。こうした制約を十分に説明することなしに、道路事業者が「道路計画は適正に行われている」と主張しても、現実に影響を被る市民に対しては説得力をもたない。

(1) 二〇〇五年一〇月二〇日、東京高等裁判所平成一六年(行コ)一四号事件判決。
(2) 土木計画学研究委員会交通需要予測技術検討小委員会編『道路交通需要予測の理論と適用 第I編利用

者均衡配分の適用に向けて』土木学会、二〇〇三年、七ページ。

（3）屋井鉄雄「これからの交通需要予測」『土木学会誌』二〇〇三年七月号、三七ページ。

（4）全国あるいは地域をいくつかのゾーン（一一一ページ参照）に分割し、それぞれの間を起点・終点とする旅客や貨物の交通量や、交通機関ごとの分担量を総当たり表として示すデータが、ＯＤ表である。このうち、現在の状況を示すデータが「現況ＯＤ表」であり、将来の状況をシミュレーションにより予測したデータが「将来ＯＤ表」である。

（5）東京高等裁判所平成一七年（行コ）一八七号事件、被控訴人（事業者側）準備書面（6）。

（6）たとえば国土交通省関東地方整備局相武国道事務所のホームページ道路ＩＲサイト（首都圏中央連絡自動車道（八王子〜青梅間）費用便益分析の結果）。http://www.ktr.mlit.go.jp/sobu/ir/hyouka/img/beneki 1.pdf

（7）東京地裁平成一二年（行ウ）第三四九号の丙二四号証。

（8）総務省統計局『日本統計年鑑二〇〇七年版』。

（9）日本交通政策研究会『運輸部門におけるCO_2排出抑制策に関する研究』（日交研シリーズＡ―三二一）二〇〇二年、四ページ。

（10）国土交通省道路局編『平成一一年度道路交通センサス』（交通工学研究会、二〇〇一年）より筆者推計。

（11）野村総合研究所（平成一四年度環境省委託調査）「自動車排出ガス原単位及び総量に関する調査」二〇〇三年三月。

（12）パーソントリップ調査などより、二輪車・自転車の移動時間・平均速度から推定した。

（13）たとえば、国土交通省・国土技術政策総合研究所「平成一一年全国都市パーソントリップ調査」（二〇〇二年三月）のうち付帯意識調査より。

（14）同方向に複数の車線が設けられている場合、車線変更などによる相互の干渉のために、一車線あたりの交通容量が低下する影響を見込む。
（15）前掲（2）、三六ページ。
（16）神澤和敬「日本が広くなる?～高速を降りて下を走る運転手」『日本インターネット新聞』二〇〇六年一一月一三日。http://www.janjan.jp/business/0611/0611124511/1.php

第4章

道路整備は有効なのか

1　首都圏の道路計画

「渋滞緩和」を目的に掲げる「三環状」

首都圏では、放射状の高速道路が先行して整備されてきた一方で、環状道路の整備が遅れているとされる。道路交通の現状と課題を、たとえば国土交通省関東地方整備局では、次のように説明している。[1]

①渋滞が激しい。関東地方での渋滞による損失時間は一二・六億人時間で、全国の三分の一を占める。首都圏の渋滞による経済損失は、年間約三兆円と推計されている。実際には首都高速道路の都心環状線を通過する自動車の六割が、都心に用のない通過交通である。

②都区内およびその周辺での交通量が多いために、旅行速度が低下し、大気汚染物質の発生量が多く(第1章3参照)、窒素酸化物や粒子状物質の環境基準の達成率が低い。

③都心部の高速道路の混雑を避けて、一般幹線道路に自動車が流入し、さらにその幹線道路の混雑を避けていわゆる生活道路にも自動車が流入するため、生活道路での交通事故が多い。

そこで、環状道路を整備して、都心部に流入する自動車交通を分散することによって混雑を緩和し、時間の節約、大気汚染の改善、交通事故の減少などが期待できるという。この目的のため

表4―1　首都圏の「三環状」の概要

路線名	2007年8月現在の整備現況	連絡する都市地域と拠点	受け持つ交通
首都高速道路中央環状線（計画延長約46 km）	約26 km供用	都心から半径約8 km副都心地域、ベイエリア	都心に関連する交通
東京外かく環状道路（計画延長約85 km）	約34 km供用	都心から半径約15 km京浜・京葉工業地帯と内陸部の諸都市、羽田空港	東京都外縁部および都内関連交通
首都圏中央連絡自動車道（計画延長約300 km、計画未定部分あり）	約61 km供用	都心から半径約40～60 km横浜市、八王子市、つくば市など首都圏の業務核都市、成田空港	首都圏および全国に関連する交通並びに広域物流交通

に、首都高速道路中央環状線・東京外かく環状道路・首都圏中央連絡自動車道が計画され、一部はすでに供用されている。それぞれ「中央環状線」「外環」「圏央道」と略称され、全体が「三環状」と呼ばれている。それぞれの道路の概要は表4―1のとおりである。また、全体のルートを図4―1に示す。図中の破線の部分は、まだ供用されていない区間である。

外環・圏央道の現状と問題点

外環は、都心から半径約一五kmで、延長約八五kmのルートである。もともと一九六六年に都市計画法に基づく計画の決定がなされたが、西南部の練馬区・杉並区・武蔵野市・三鷹市・調布市・狛江市・世田谷区を通過する区間は、自治体や沿線市民の合意が得られず、約四〇年にわたって着工できないままとなっていた。しかし、二〇〇一年

図4—1　首都圏の高速道路(2007年8月現在)

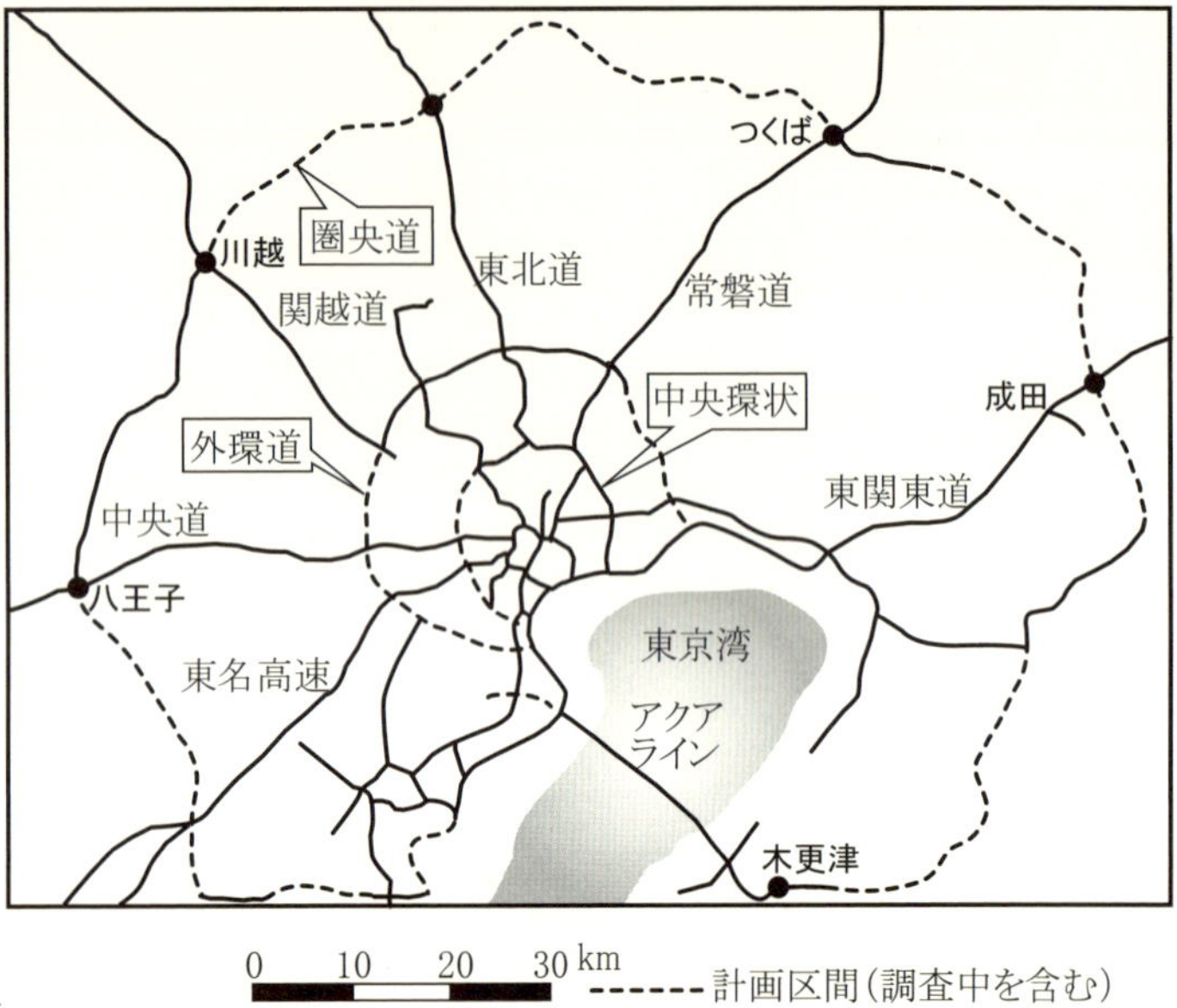

(出典) 国土交通省資料をもとに筆者作成。

になり、東京都と国土交通省が建設の推進を表明した。〇二年六月に、沿線住民と道路の通過する区・市の職員からなる「PI外環沿線協議会」を構成し、本格的なPI(パブリックインボルブメント)を実施することとなった。

PIとは、道路そのほか公共事業の実施にあたって、計画の早い段階から情報を公開し、関係者の意見を計画に反映させ、事業に関する合意形成を促進する手続きである。国によってさまざまな形態があり、日本では従来「住民参加」と呼ばれてきた活動もその一部に該当するが、制度的な定義や位置づけはされていない。どのような参加者で構成し、どのようなテーマを取り上げ、何を最終の青果物とするのかなど、具体的な方法は試行錯誤の段階にある。

この協議会の発足にあたり「これまでの経緯を踏まえ、実質的には現在の都市計画を棚上げし、一九六六年の計画決定以前の原点に立ち戻って、計画の必要性から議論する」との基本合意が確認された。すなわち、必要性を再検討したうえで、造らないという選択肢もありうると関係者は理解していたのである。ところが、協議会の進行中に、東京都と国土交通省が大深度地下トンネル方式で建設を推進するとの方針を打ち出した。その結果、協議会は宙に浮いたまま終了し、現在に至っている。

東京都と国土交通省は、大深度トンネルにより環境問題や土地収用問題を回避するとしているが、既存の高速道路や一般道と接続するインターチェンジや流入路・流出路の部分は開放部や高架に設置せざるをえない。それらの数と位置(未確定)によっても異なるが、全体の三分の一程度は地上に露出すると考えられる。地上方式よりも既存道路と地下の新設道路の高低差が増大する分だけ、接続道路(傾斜路)も長く必要となる。

また、新設道路に進入する上り勾配の傾斜路では、自動車のエンジンに負荷がかかるために、平坦路よりも排気ガスが多く排出される。地下部分で発生した汚染大気は、トンネル坑口や換気塔から放出される。総合的にみて、地上方式より環境問題が緩和されるとはかぎらない。

また圏央道は、都心から半径約四〇～六〇㎞で、延長約三〇〇㎞のルートであり、このうち東京都と埼玉県で約六一kmがすでに供用されている。この事業が最初に公式の行政計画に位置づけられたのは、一九七六年の国土庁(当時)による「第三次首都圏基本計画」である。その上位に、国の基本計画である「第三次全国総合開発計画(三全総)」(七七年閣議決定)があった。この計画は、その後「第四次首都圏基本計画」と「四全総」(八七年閣議決定)に移行している。

三全総では「定住構想・大都市への人口と産業の集中を抑制する」、四全総では「交流ネットワーク構築・多極分散型国土を構築する」として、それぞれ表現は異なるものの、東京への過度の集中を問題とし、その緩和を課題として設定した。ところが、こうした総合計画は、現実にはあまり明確な成果をあげていない。圏央道の計画は、上位計画に合わせた役割をそのつど名目だけ割り当てられながら、内容的には同じ事業計画が残存しているにすぎないのが実態である。

具体的な手続きとしては、一九八四年に計画が発表され、八九年に都市計画法に基づく計画の決定がなされている。九六年に青梅インター〜鶴ヶ島ジャンクション間、二〇〇二年に日の出インター〜青梅インター間、〇五年にあきる野インター〜日の出インター間、〇七年にあきる野インター〜八王子ジャンクションが、それぞれ供用された(西部区間のみを示す)。

圏央道に関しては、とくに東京都の西部区間で高尾山の自然破壊を懸念した市民団体によって一九八六年から反対が続き、二〇〇〇年から事業の差し止めを求める訴訟が提起されている。なお、外環のようなPIは実施されていない。

また、建設費用の膨張も指摘されている。圏央道全体に対して三兆四〇〇〇億円の計画とされているが、約一割が完成した現在、すでに一兆一〇〇〇億円が投入されている[2]。これまでの開通区間では、トンネルが多いなど相対的に費用がかかる区間が含まれており、全体が単純に距離の比例とは断定できない。だが、それを考慮したとしても、一割の区間に対して一兆一〇〇〇億円となれば、全体では一〇兆円の桁に達する可能性もある。しかも、そのような費用をかけても、交通の円滑化に対する効果は後述するようにわずか、もしくは逆効果のおそれもある。

海外の環状道路との比較は妥当か

道路建設を推進する者のなかには、諸外国と比較して首都圏の環状道路の整備率が低いとする見解がある[3]。比較としてロンドン・パリ・ベルリンがよく示され、東京の環状道路の整備率が四〇％であるのに対して、ロンドン一〇〇％、パリ八四％、ベルリン九七％などとしている。ここでいう「整備率」とは、表1―3（四三ページ）に示した定義ではなく、計画上の延長距離に対して現在までに供用された延長距離の比率を示しているようである。

しかし、日本におけるこの数字は、環状道路の範囲を「道路会社（旧公団）等が経営する高速道路（高規格幹線道路）」に限定した比較であって、諸外国の同じ定義の道路と比較したものではない。交通量の統計の取り方も異なる海外の環状道路と、どのように整合的な数字を用いて算出したのか、根拠も明示されていない。「日本の環状道路の整備率が低い」という印象を与えるための数字にすぎないと考えられる。

諸外国の都市環状道路と比較するには、同等の機能をもつ幹線道路を比較するのが妥当であり、首都圏でいえばすでに環状六・七・八号、国道一六号など環状の幹線道路が存在する。しかも「三環状」と称しているものの、物理的に東京湾の存在により「三環状」にはならない。首都圏北部・西部では三重のリングを形成できるが、南部ではそのリングが欠けた形状にならざるをえない。

また、ヨーロッパの多くの国では、住宅街が無秩序に郊外に広がらないように、日本よりも都市計画上の規制を強く行っている。このため、都市内に流入する自動車交通を迂回させる環状道路は、郊外部の田園地帯など民家が少ない地域に設けるものであって、日本のように住宅が立ち並んだ地域に大規模な道路を通すという発想そのものが異なる。都合のよい部分だけ「海外の事例」を持ち出しても、説得力は乏しい。

一方で、過去に高速道路を都心に乗り込ませるという都市計画を実施したうえに、いまなお都心の再開発を行うなどの要因から、都心に交通が集中しているのである。このメカニズムを放置したまま環状道路の建設を促進しても、解決にはならない。第1章6に紹介した、日本で道路整備を促進するように勧告したワトキンス調査団(一九五六年)のメンバーのなかにさえ、都市内に高速道路を乗り込ませることは都市全体に渋滞を広げる結果を招くとして、否定的な見解を示した者がみられたほどである。(4)

2　道路整備の効果はあるのか

誘発交通による効果の相殺

道路整備の必要性の論拠として提示されるのは、おもに渋滞の緩和である。また、その副次的効果として、沿道の大気汚染の改善、近年ではCO_2の削減、生活道路の通り抜け交通の回避などである。だが、「道路を整備しても、便利になった分だけ新たな自動車交通を誘発し、改善効果が相殺されるのではないか」という疑問が、研究者からも市民からも常に提起されてきた。これは単なる憶測ではなく、道路整備が行われた多くの地域で、実際にそのような現象が観察されている。室町泰徳氏（交通計画）は、こうした誘発交通が議論されるようになった経緯について次のように要約している[5]。

「これらの議論の中心となる研究課題が交通施設整備によるアクセシビリティ［注・ある目的地に対する移動時間の短縮など、総合的な移動のしやすさ］の変化、そしてこれに伴う（と想定される）誘発交通の問題である。そもそも高度成長期にあっては、交通施設整備によるアクセシビリティの改善は、潜在的な交通量を顕在化し、産業の発展や生活水準の向上を図るための手段であったと考えられ、誘発交通量の算定は研究課題とはいえ、大きな問題とはならなかった。しかしながら、

図4—2　誘発交通のパターン

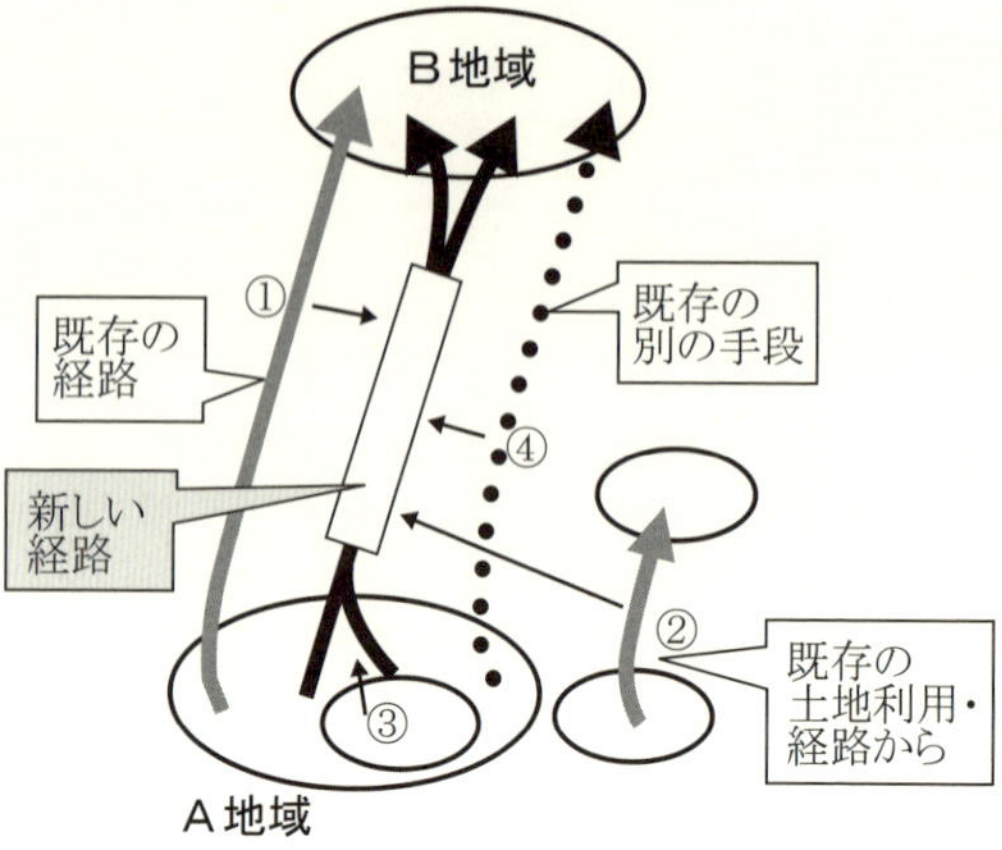

（出典）図1—10に同じ。

近年の環境問題への関心の高まりから、混雑解消を目的とする交通政策が、結果的に総交通量を増やすような場合、必ずしも容認されなくなってきている」

すなわち高度成長期には、誘発交通がむしろ人びとの便益向上にとって望ましいというプラスの価値として捉えられ、近年のように環境問題や事業の費用対効果の問題が、交通計画上の制約として意識されるようになるまでは、誘発交通が問題視されなかったというのである。

ただし、誘発交通といっても、いくつかの異なった原因がある。ある地域あるいは道路で誘発交通が予想される場合に、どれだけの交通量が、どのような原因によって生成するのかによって、それぞれ検討すべき内容や対策が異なるので、それらを明確にしなければならない。図4—2は、A地域とB地域の間に新しい道路が設けられた場合に、新たに生成する交通を四つのパターンに分類したものである。

①は「転換交通量」であり、既存の道路から新しい道路が便利になったために転換した交通量

である。②は「誘発交通量」であり、A～B間とは別の地域に存在していた人や物に関して、新しい道路ができたために目的地・出発地・経路などが変更されたり、新たに移動が生成した交通量である。③は「開発交通量」であり、企業や住宅が新たに立地するために、新しい交通量が生成するものである。④は「移転交通量」であり、他の手段(鉄道など)からシフトした交通量である。いずれも、新しい道路が設けられたために誘発される交通量であり、こうした影響を考慮しなければ将来の交通量は過小に予測されることになる。

新しい道路の整備による変化が①の分だけであれば、全体として渋滞が緩和されると評価できる。しかし、多くの場合②～④の影響が伴う。そもそも道路の整備が、地域に及ぼす経済波及効果なども期待して行われるからこそ、②～④の影響は必然的に生じるのである。

本末転倒の環状道路促進論

環状道路が都区内の渋滞緩和を目的とするという大義名分そのものが、もともと虚偽である疑いもある。武田文夫氏(交通経済学)は、計画されている第二東名・第二名神の建設に関連し、都市環状道路をその受け皿として位置づけるとして、次のように述べている。[6]

「両端の二大都市圏が複線化[注・第二東名、第二名神のこと]によって増大した流入交通量をうまく受け入れられなければ、せっかくの大プロジェクトの効果が半減すると危惧される。情報不足のための誤りはご寛恕を願うとして、それについて私見を述べてみたい。確かに大都市圏での新しい幹線道路建設は困難な事業である。しかし方法はあると思う。まず首都圏については、西側から海老名までの路線が決定し、その先の横浜、東京側が問題であり未決定だ。したがってタイミング的には暫定的な交通導入方法が講じられる必要があろう。それはまず海老名で第二東名と交差する圏央道(事業中)を使って西から流入する交通を分散させることである」

武田氏は、第二東名・第二名神の開通によって、さらに東京・大阪に大量の自動車交通が流入すると想定している。これは、首都圏の環状道路はもちろん、第二東名・第二名神の整備に関しても本末転倒の説明であろう。第二東名・第二名神は、現東名・現名神の交通混雑の緩和が主目的である。環状道路についても、その効果とされている都市内部の交通負荷の救済、都心部の通過交通の排除といった目的とは異なる説明がなされている。

あるいは杉山雅洋氏(交通経済学)のように、短距離の高速道路利用を奨励するために、ETCなどを利用して市街地直近型の簡易型インターチェンジの設置を促進すべきであると提案する者さえいる。(7) 杉山氏の提案では、当然ながら市街地直近型のインターチェンジにアクセスする近隣住民の自動車利用を促進するから、結果として生活道路の交通量の増加を招くであろう。

これらの論説のように、それぞれの論者が、科学的な分析もなく勝手な思惑で、環状道路の建設促進を提唱しているのが現状である。これでは、都市環状道路整備の必要性として提示されているところの渋滞の緩和、沿道の大気汚染の改善、温暖化対策としてのCO_2の削減、生活道路の通り抜け交通の回避などは、まったく期待できない。むしろ、都市環状道路の促進論が、道路の必要性や効果の検討に基づかず、「建設のための建設」にすぎないことを露呈するものであろう。

3　裁判と交通量予測

裁判がきっかけで改善された米国

米国で、誘発交通の考慮に関する議論が訴訟に発展した例がある。[8] 一九八九年に米国の環境団体が、サンフランシスコ、オークランド、サンノゼなどのベイエリア（都市圏人口約六〇〇万人）の交通計画策定組織ＭＴＣ（Metropolitan Transportation Commission）を相手どり、ＭＴＣの策定した計画では大気汚染に関する環境基準（この時点では一酸化炭素と炭化水素について）を満足できないため、高速道路の建設を中止すべきだという訴訟を起こした。

ＭＴＣ側の計画とは、高速道路の整備によって道路容量が拡大して交通の流れが円滑になり、大気汚染が軽減されるとするものである。これに対して環境団体側は、道路容量の拡大、混雑緩和に伴って、むしろ追加的に交通量が誘発され、環境改善の効果が失われると指摘した。裁判上の争点となったのは、交通需要予測手法の妥当性である。計画者側が使用していたシミュレーションモデルは、誘発交通をある程度は考慮できる機能があったものの、当時のコンピュータの能力の制約などから、充分な性能を有していなかったといわれる。

裁判の結果、原告側の主張を裏付けるまでのデータがないとして原告側が敗訴した。とはいえ、その後ＴＭＩＰ（交通モデル改善プログラム）というプロジェクト[9]がつくられる契機となった。

一方、日本はきわめて遅れている。国内の多くの道路整備について、前述のように渋滞緩和、生活道路への通り抜け交通の防止などの効果が掲げられている。しかし、多くのケースでは、計算の前提や具体的なモデルについての情報が提供されず、結論だけが抽象的な表現で提示されるにとどまっている。

各地の事例について、市民側が可能なかぎり調査したところによると、多くの道路事業では、誘発交通の影響や自動車以外の公共交通手段との相互関係を考慮せず、さらにそれぞれの道路への交通量の配分計算についても、適切な計算方法や評価法が用いられていないことが指摘されている[10]（第3章参照）。しかも、ＴＭＩＰのように、実際の事業に最新のモデルを適用しようという動きも乏しく、いっこうに改善の動きがない。これには研究者の怠慢も指摘されよう。

計画段階からの市民参画を指摘した日本の判決

日本でも、司法の場で誘発交通の議論が行われている。圏央道の計画のうち、あきる野市での土地の収用に関して提訴された裁判について、二〇〇四年四月に東京地方裁判所民事三部が下した判決が注目される。

圏央道の供用によって生じる環境への影響に対して配慮が十分でないこと、圏央道の効果として示される渋滞緩和効果などの根拠が乏しいことなどから、収用手続きは違法であるとして、手続きの取り消しを命じる司法判断が示された。論点は大別して、①騒音被害の予測、②大気汚染の予測、③圏央道の事業効果(渋滞解消など)であり、③については次のように述べられている。[11]

「事業者側は、圏央道の整備が、東京都心部の渋滞緩和や、圏央道に隣接する国道一六号線、四一一号線の渋滞緩和に貢献するとしている。しかし、首都圏には同様の機能を有する環状道路(首都高速中央環状線・外かく環状線)も存在する。首都圏の交通量のうち、どのような割合が、どの経路を通過するのか、また他の環状道路との関連を考慮した明確な説明がされていない。また、このような代替ルートを有料で供用すると、利用が敬遠されて、依然として並行道路が渋滞している実態が多数みられるが、そのような現象に対する検討もみられない。総じて『圏央道の整備によってこうなってほしい』との期待のみで、検証が不十分である」

加えて裁判長からの付言として、そもそも道路事業はじめ公共事業一般に関して、計画段階から市民が司法の判断を求める機会が設けられていないことが問題であると指摘している。すなわち、これまでの公共事業では、実際に工事が開始される間際になって多くの紛争が生じており、それ以前の計画段階から、市民が司法的な手続きによって事業の評価を問う機会が設けられるべきであると述べているのである。

これはきわめて重要な指摘であり、今後の道路計画に関する市民の参画のあり方にも大きな影響を及ぼすと思われる。ただし、判決に対して事業者側が控訴し、控訴審(高裁)では事業者側が勝訴した。さらに二〇〇七年四月に最高裁が原告側の上告を退け、事業者側の勝訴が確定した。

この事例では事業者側勝訴という結果に至ったが、こうした紛争は今後も起こり続けるであろう。事業者側にとっても、ひいては税金の有効な使い方という点からも、非効率である。より早い段階から情報を積極的に公開し、関係者の合意形成を求める姿勢が必要である。

司法判断の根拠

この種の訴訟では、交通量の予測に関して専門的な事項が争点となる。裁判所は自らそのシミュレーションを再現して検証する能力を有しているわけではないので、原告（住民側）・被告（事業者側）双方からの書面をもとにした判断が中心とならざるをえない。

事業者側は、圏央道の整備によって、首都高速道路を通過するだけの交通が分散され、首都高速道路の渋滞緩和効果が大きいと主張している。しかし、一方では「また、推計対象範囲は広範囲でリンク数［筆者註・道路の区間数のこと］は膨大であり、推計対象道路である圏央道から離れるに従って、対象道路との関係が希薄になる」とも述べており、都心から遠く離れた地域を周回する圏央道を整備しても都心部の交通に与える影響は少ないという趣旨の説明も行っている。(12)

いずれにしても、道路の整備によって既存の道路（たとえば首都高速）からどの程度の交通量が転換するのか、そのうち、もともと都心に用のない通過交通がどの程度の比率で新しい道路に転換したのかなどについて、推計結果を数字として示せば、効果の説明に関して一目瞭然である。しかし不思議なことに、事業者側はこうしたデータをこれまで具体的に示したことがなく、文章上の観念的な表現を繰り返すにとどまっている。そこで原告（住民側）は、本書第3章に示したように、計算の結果として当然得られているはずの基本情報、すなわち以下の五点について、情報を開示するように求めた。

①計算に使用したネットワーク図（交通量を予測した時点において、どの区間が供用されているのか）。
②リンク交通量（それぞれの道路区間の交通量）。
③リンク交通量における大型車混入率（大気汚染や騒音の予測に強く関連する）。
④リンク旅行時間（それぞれの道路区間の所要時間、あるいは速度といってもよい）。
⑤リンク交通量の起点・終点内訳（それぞれの道路区間を通過する交通のうち、いずれを起点・終点とする交通の比率がどのくらいあるか）。

とくにこのなかで、④は渋滞解消による時間効果がどのくらい期待できるかを算出する基本の情報であり、⑤は事業者が主張するところの「ほんらい都心に用のない通過交通が、新しい道路に転換する」という効果を具体的な数量として示す数字である。ところが、事業者は「いずれも、交通量推計において理論上把握可能なデータではあるが、計算過程においてコンピュータの中で算定されているデータであったり、本件交通量推計及び本件費用便益分析では把握することが必要ないデータであった」として、開示しなかった[13]。

しかし、同じく三環状の一つである外環の事業では、たとえば「神奈川県内〜埼玉県内を相互に起終点とする交通のうち、何パーセントが外環を利用するか」などを計算可能なデータが提出されている[14]。これは、同事業で行われているPIの過程で、住民側委員の求めに応じて事業者側が提出したものである。この数値は、個々のリンクのデータを集計して算出する以外にはありえないから、そのデータは整理・保存されており、必要に応じて出力されている。圏央道の事業において、リンクのデータを整理・保存していないなどという事業者側の説明はきわめて不合理である。

事業者側が、法廷で正式な裁判資料として取り扱われる書面でさえこのような見解を述べているところをみると、裁判所は専門的事項までチェックするまいと見越した姿勢であると考えざるをえない。このような状態で、もし裁判所が事業者側の主張を認めたとすれば、道路問題における司法判断とは、現状を追認する手続きにすぎないと批判されてもやむをえないであろう。

4　誘発交通の実際

予測と異なる交通量

表4―1（一二九ページ）に示すように、外環は二〇〇七年八月現在で約四〇％が供用されている。このうち埼玉県内の和光インター（IC）～三郷ジャンクション（JCT）が一九九二年に、大泉JC

T～和光ＩＣが九四年に供用された。この供用に関連して、一般道の交通量が外環にシフトし、一般道が空くという効果が現実に発揮されたかどうか、実績データから検討してみよう。

いくつかの地点の交通量（一二時間交通量・通常は七～一九時）を図4―3に示す。図の外環A・B地点は外環本線であり、並行する国道二九八号のＣ・Ｄ・Ｅ地点は、外環とほとんど同じルートを通る一般道である。双方の交通量を比較すると、「一般道の交通量が外環にシフトし、一般道が空いた」という関係は見出せない。交通量に変化を及ぼす要因は、国・地域の経済情勢など

図4―3　外環の開通前後での並行道路の交通量の変化

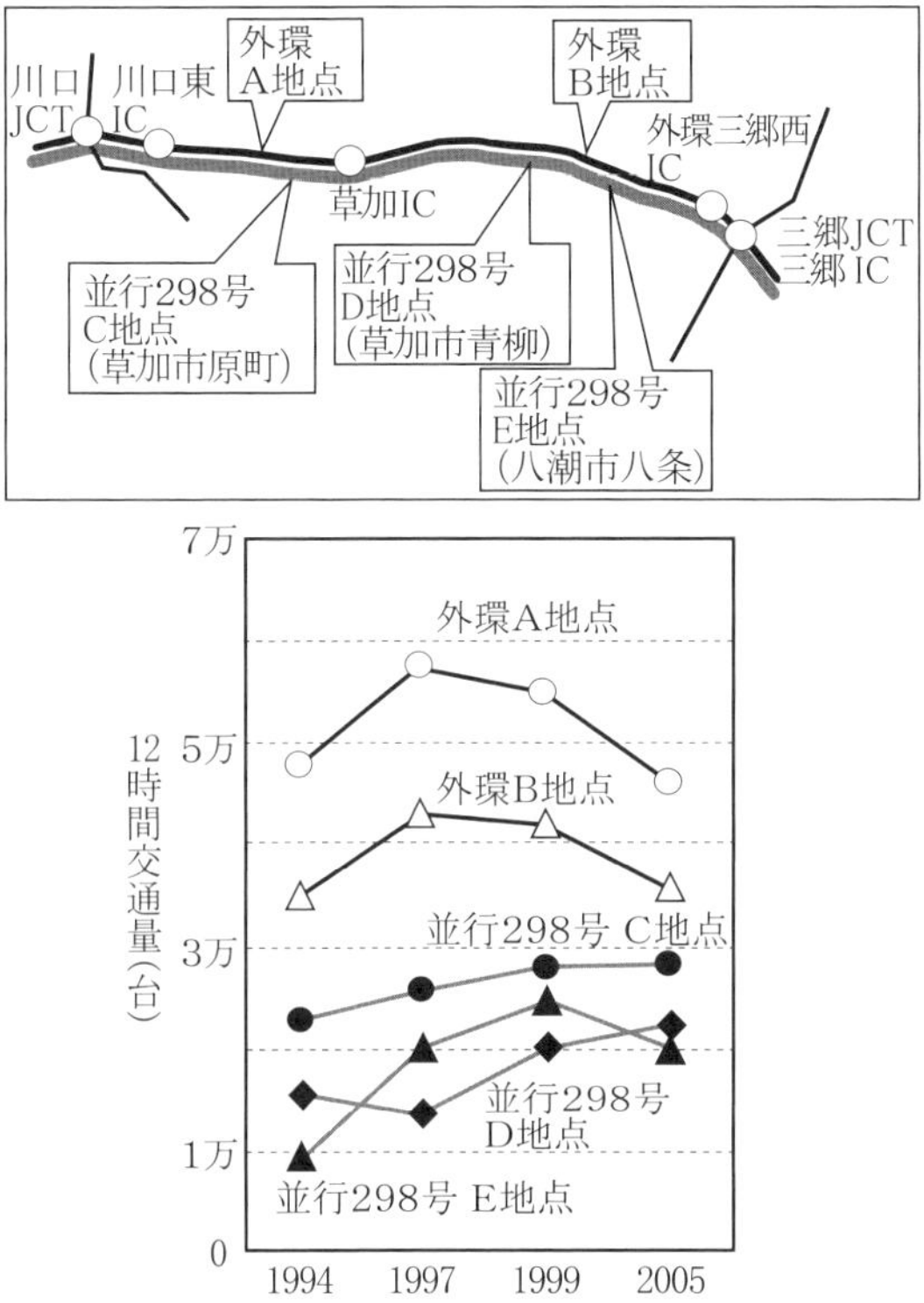

（出典）「道路交通センサス」各年度版の箇所別基本表より抜粋して作図。

図4—4　交通量の予測と実績の乖離(外環埼玉区間)

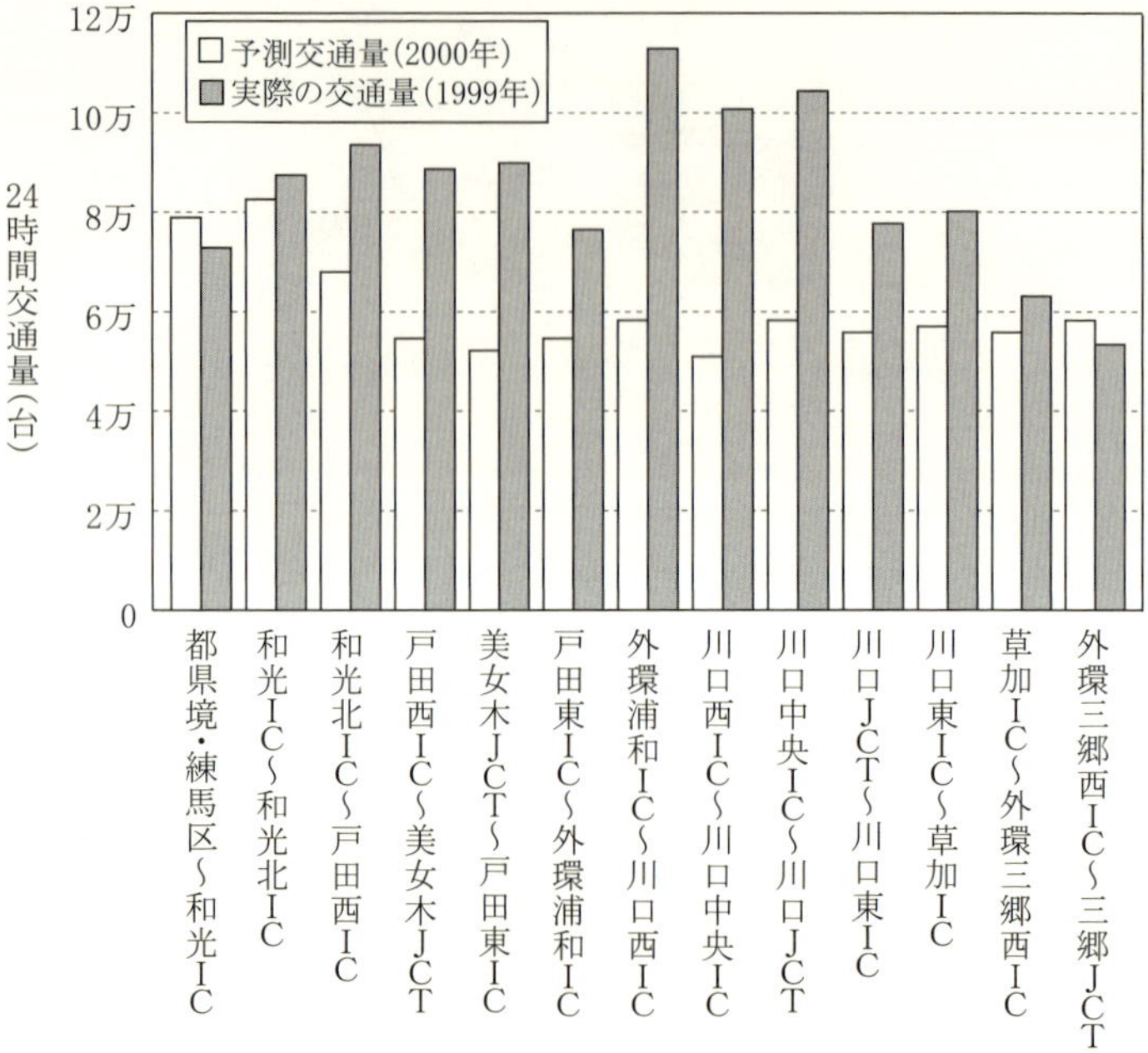

(出典) 第16回PI外環沿線協議会資料「環状道路整備による交通量の推計と実績」2003年3月27日。

いくつか考えられるが、一九九七年から九九年にかけては、外環の交通量が減少しているのに対して、対応する一般道の交通量が増加している。

　また図4—4は、外環の埼玉県部分において、環境影響評価の際に用いられた予測交通量と供用後の実際の交通量を、同じ区間について比較したものである。ほとんどの区間で実際の交通量が予測を上回っており、最大では二倍に達している。理由は、誘発交通を適切に考慮できなかったためであると推定される。

　これでは、大気汚染や騒音

などの予測がまったくはずれてしまう。いったん供用した道路の通行止めや交通規制を行うことが現実に困難であるとすれば、沿道住民は今後長年にわたって予測を超えた道路公害に悩まされ、健康被害が発生することになる。

第3章1で引用したように「需要予測においては、細心の注意を払って精緻な計算が行われている」と説明する専門家がある。しかし、それはせいぜい「大量のデータをコンピュータで処理している」という意味にすぎず、このようにまったくはずれた予測をもたらすことも少なくない。交通量は、大気汚染や騒音を通じて人命や健康に直結する。計算法の問題点や制約を知りながら、社会に対して警告を発せず、事業者側に同調した見解しか表明しない専門家は、モラルを問われても致し方ないであろう。

また圏央道は、計画延長約三〇〇km（一部、計画未定区間あり）に対して、二〇〇七年八月現在で約二〇%が供用されている。このうち東京都から埼玉県にかけて、青梅インター〜鶴ヶ島ジャンクションが一九九四年に開通した。図4−5の圏央道A・B・C地点は圏央道本線であり、これとおおむね並行する国道一六号A・B・C地点、および国道四〇七号D・E地点は一般道である。

同様に双方の交通量を比較すると、「一般道の交通量が外環道にシフトし、一般道が空いた」という関係は、やはり見出せない。国道一六号A・B地点は交通量が急増しており、圏央道の供用に伴ってアクセス交通量も増加していると理解するのが自然であろう。

図 4—5　圏央道の開通前後での並行道路の交通量の変化

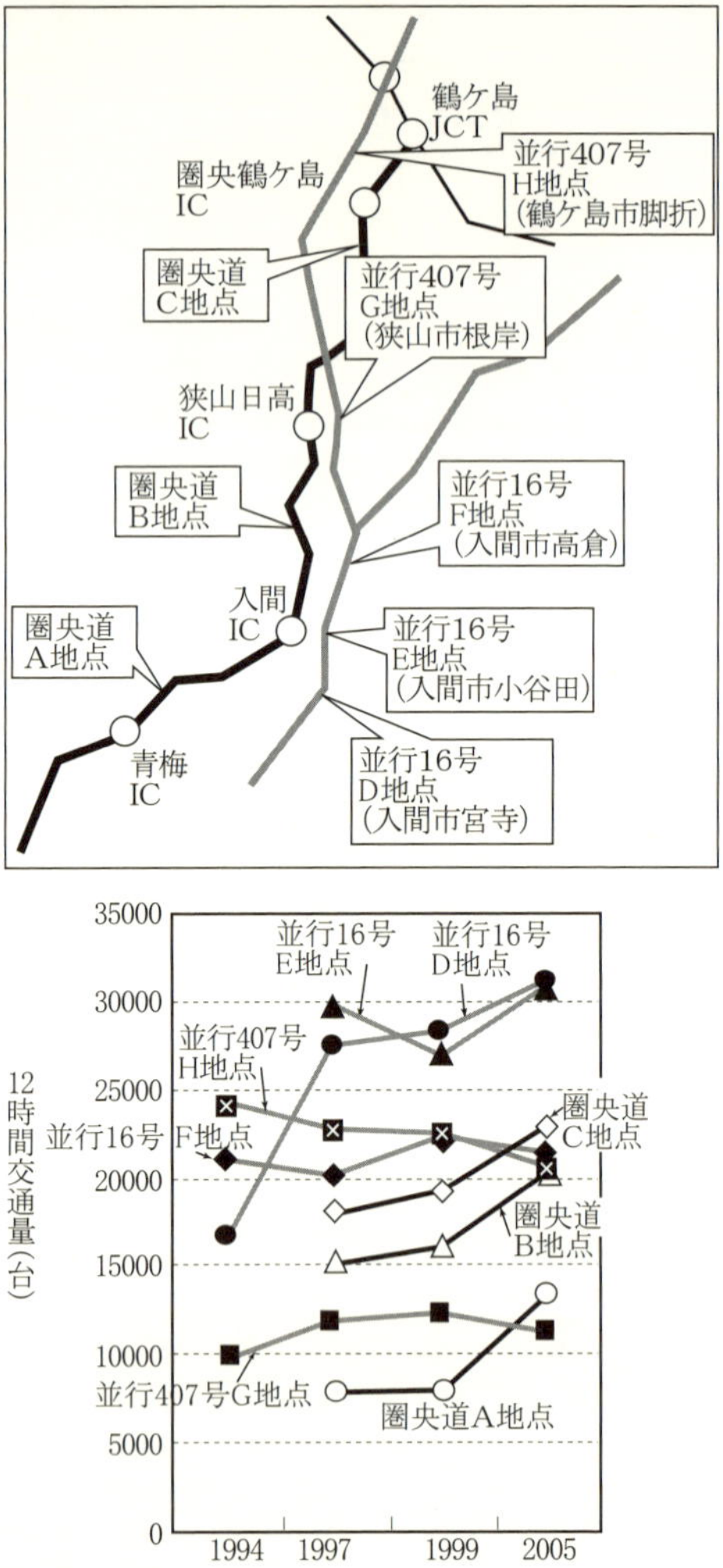

（出典）図 4—3 に同じ。

局地的な「バイパス」事業による交通量の増加

前述の二例は広域にわたる道路整備であるが、既存の道路の交通円滑化の目的で、局所的に迂回路（バイパス）を設ける事業も多い。国土交通省で公開している各地の「道路整備効果事例集」⑮の実績を整理すると、ほとんどの事例で既存道路の交通量が減少する一方で、供用後の新ルートと既存道路を合計した交通量が増加している。道路の利便性が高まったことによって新たに発生した交通が、他の地域における渋滞を増加させたり、あるいは渋滞の分布が場所的に移動しただけ、すなわち大気汚染、騒音、交通事故が位置的に移動しただけという可能性もある。この例を表4―2に示す。

これらの誘発交通を、図4―2（一三六ページ）でみる四つの類型と対応させてみると、その要因が理解されるであろう。「道路整備効果事例集」では、たとえば遠方の生鮮食料品が都市に容易に供給されるようになったなどを整備効果として提示している。たしかに、多くの人はそれをよい価値と認めるであろう。しかし、その反面、それらの「効果」が他者に対する大気汚染、騒音、交通事故の増加を必然的に伴うものであれば、評価は異なってくるはずである。

「統合モデル」によるシミュレーション

広域の道路ネットワークの評価においては、誘発交通を考慮しないモデル、すなわち既存の需要固定モデルでは、新規施設の効果が減殺される影響を考慮していないから、結果として整備効果を過大に評価することになる。こうした既存モデルに対して、「統合モデル」と呼ばれる検討も行われている。これには、①道路が便利になった結果、より多くの交通量が誘発される影響を考慮する、②交通量の時間的な分布（一一三ページ図3―12参照）を考慮する、③鉄道など他の交通機関との分担関係を考慮するなどの特徴がある。この統合モデルのほうが、現実をより正確に表現

表4―2　バイパスの建設による誘発交通

場　所	内　容	整備効果とされる内容	合計の通行台数	全体としての変化	出　典
静岡県一般国道1号日坂バイパス(2004年2月開通)	既存の国道が渋滞するため、4.3kmのバイパスの新道を建設	既存の道路沿線における観光客の増加	整備前31,100 整備後38,400	総通行台数が23%増加	国土交通省ホームページ
宮崎県一般国道325号田原バイパス(2004年6月開通)	既存の国道の規格が低いため、6.7kmのバイパスの新道を建設	時間短縮 1990年と比べて、大型車の通行台数が4倍、普通車の通行台数が2倍となった	整備前(1990年)1,885 整備後3,496	総通行台数が85%増加(1990年に対して)	国土交通省ホームページ
長野県一般国道20号下諏訪岡谷バイパス(2004年3月開通)	既存の国道沿道における環境改善、渋滞緩和のため、バイパスの新道を建設	既存の道路沿線における環境改善 高速道路へのアクセス改善	整備前21,300 整備後23,600	総通行台数が11%増加	国土交通省ホームページ
新潟県一般国道116号和島バイパス(2003年12月開通)	既存の国道沿道における環境改善、渋滞緩和のため、バイパスの新道を建設	既存の道路沿線における環境改善 歩行者の安全性向上	整備前9,487 整備後11,336	総通行台数が19%増加	国土交通省ホームページ
広島高速4号線(2001年10月開通)	広島都心部と北西部の開発地域を直接結ぶルート	時間短縮 既存の道路における渋滞緩和	整備前57,700 整備後66,900 (関連道路の合計)	総通行台数が16%増加(関連道路の合計)	『高速道路と自動車』2002年3月号
伊勢湾岸道路弥富IC～みえ川越IC間の開通(2002年3月)	伊勢湾岸道路の未整備区間の開通	時間短縮 既存の道路における渋滞緩和	整備前6,600 整備後13,200 (湾岸弥富インター～飛島インター間の区間)	総通行台数が100%増加	『高速道路と自動車』2002年7月号

していると考えられる。

首都圏における道路ネットワーク（二〇〇二年時点）に対して、新たに環状道路（延長約一六km、外環道を想定）が整備されたケースで、誘発交通を考慮しない従来モデルによる結果と、誘発交通を考慮した統合モデルによる結果を比較した報告がある[16]。これに対して、外環や圏央道の事業で現在の事業者が計画・評価に用いているシミュレーションは、①～③を考慮しない従来モデルである。

比較の結果、統合モデルでは、従来モデルと比べて、渋滞緩和の便益（時間を経済価値に換算した金額）が約二分の一になるという結果が得られた。これは①に示す誘発交通の影響であり、道路整備によって渋滞が緩和されても、それを減殺する方向での交通量の増加が考慮されているためである。

多くの道路整備では、便益のなかで渋滞緩和効果がもっとも大きな割合を占める。外環や圏央道のように広域の道路になれば、その数字が数千億円の桁になるが、計算法によっては一挙に半減する可能性が指摘される。事業者側が計算のモデル・前提条件を示さずに、結果だけを示して「道路整備の効果がある」あるいは「公益性がある」と主張しても、それは社会的に適切な説明とは言えない。

5　環境対策としての道路整備は有効か

地球温暖化対策になるのか

第1章に示したように、走行速度が低下するほど一km あたりのCO_2排出量が増加することから、「道路を整備して渋滞を解消することがCO_2の削減（地球温暖化対策）になる」と説明される。国土交通省が提供するほとんどすべての「道路整備の効果事例」でも、数字は異なるが、類似の効果が示されている。しかし、こうした評価は適切であろうか。国土交通省の「地球温暖化防止のための道路政策会議」でも、「道路整備がCO_2排出へ及ぼす影響の二面性」として、次のようにプラス・マイナスの両面があることを解説している。

「効率的な道路整備により、渋滞が緩和することで自動車の走行速度が向上し、その結果、CO_2の排出が減少する。一方、道路整備に伴い新たに発生（誘発）する自動車交通（走行量）も存在し、これによってCO_2排出量が増加するという面もあり、道路整備とCO_2排出量との間には正負両面の関係があることに留意する必要がある。道路整備に伴い誘発される自動車交通量については、当該道路の渋滞状況や道路計画の内容、対象地域の土地利用の状況や代替交通機関の整備状況等により異なり、その誘発分のみを切り出して推計する統一的な手法は未だ確立されておらず、今後の研究開発が重要である」

統一的な手法は検討段階としているが、すでにいくつかのケーススタディがみられる。国土交通省自身が報告しているところによれば、[17]三環状が整備された(ただし、圏央道は鶴ケ島インター～釜利谷ジャンクション間の東京都西部・神奈川県区間のみ)と想定したケースで、誘発交通(経路の変更、公共交通から自動車への転換、より遠隔の発生地・目的地への移動、新たな発生地・目的地への交通追加)も考慮できるモデルによるシミュレーションを実施している。

その結果、都市圏全域で、自動車の旅行速度が時速二五・七kmから二六・八kmに向上し、四・三%の改善(向上)になると推定された。その一方、自動車総走行量(台km)は二億七四四五万台km(一日あたり)から二億八六一〇台kmに、四・二%増加する。

ここで、いま問題となっているCO$_2$の排出量について検討しよう。旅行速度の向上によって、図1－9(二九ページ)に示す関係に従って、自動車自体の走行距離あたりのCO$_2$の排出量は二・三%低下する。[18]反面、自動車総走行量(台km)は四・二%増加するとすれば、三環状を整備したほうがCO$_2$の総排出量は増加することになる。ここではCO$_2$について検討したが、大気汚染物質(NOx・PM)についても同様の関係がある。現状を精密に再現するモデルで検討すればするほど、環境対策としての道路整備効果は疑わしいという結果が導かれる。

なお、日本におけるCO$_2$削減対策の基本的な方針である「京都議定書目標達成計画」によれば、二〇一〇年における国内の運輸部門からのCO$_2$排出量の目標値を二億五〇〇〇万トンと設定し、これを達成するためには起算年(「達成計画」では二〇〇二年度)から一一〇〇万トンの削減が必要であるという。一方、国土交通省の「地球温暖化防止のための道路政策会議」報告書によると、「アクションプログラム」として、主要渋滞ポイント対策や環状道路整備により約七〇〇万トン、情報通信技術の活用促進や路上工事の縮減などにより約一〇〇万トンの削減をめざすべきであると提言している[19]。

しかしながら、渋滞対策が地球温暖化対策として有効かどうかに関する科学的な統一見解は存在しない。また英国やフランスでは、渋滞対策を温暖化対策効果として計上していない[20]。

住宅街からの「湧き出し」交通の増加

幹線道路の渋滞のために周辺の住宅街の生活道路が抜け道として使われているとき、別の道路の整備によって通り抜け交通が回避されるという説明がある。だが、この効果は、そうなってほしいという期待にすぎない。むしろ交通がスムースになった分だけ、それまで自動車の利用を控えていた人が新たに自動車を使い出す、「湧き出し」とも呼ばれる現象が発生することも実例から指摘されている。

たとえば図4−6のように、西武新宿線および早稲田通り、新青梅街道、千川通りと平面交差していた東京の環状八号線の井荻地区(東京都杉並区)では、一九九七年に、これら四路線と立体交差する延長一二六〇mのトンネルが供用された。その際の検討結果の報告がある。

図4–6 井荻トンネルの概要

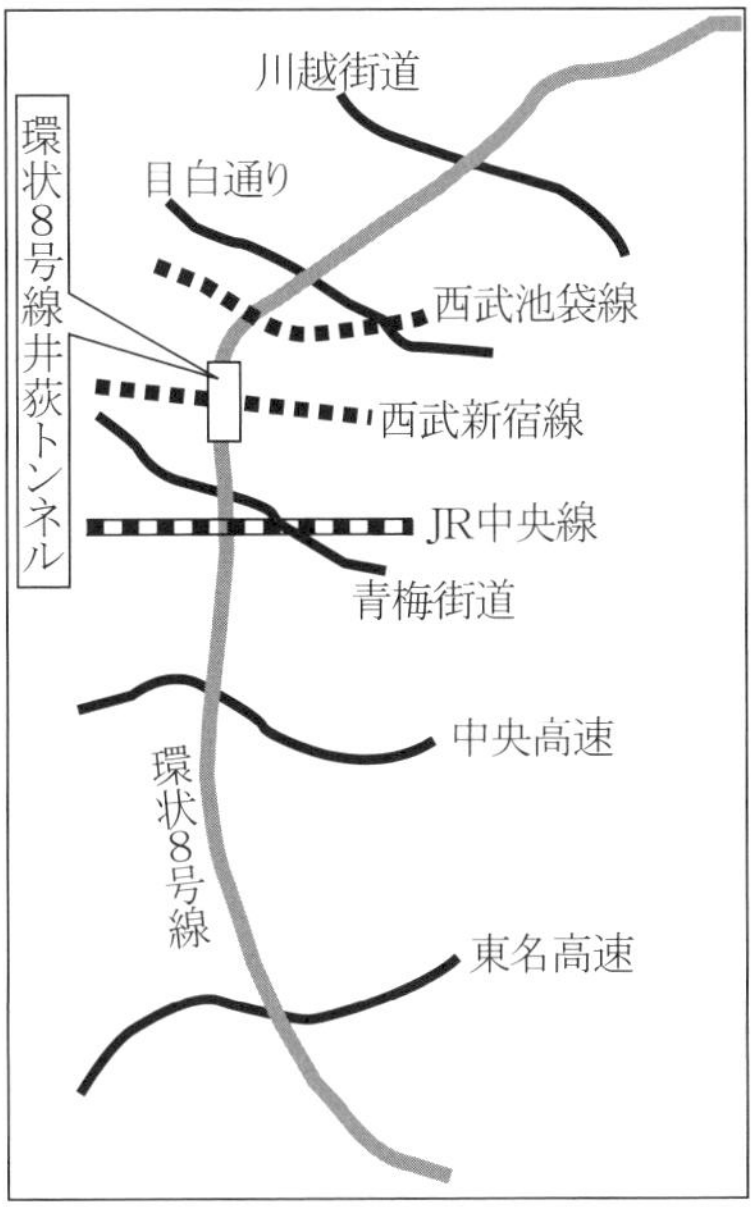

（出典）国土交通省ホームページ「道路整備効果事例集」。http : //www.mlit.go.jp/road/koka 4/4/4–40.html より。

国土交通省は、本来なら環状八号線を通過すべき交通が周辺の生活道路に進入していたが、トンネルの開通によってそれが環状八号線に移動したと推定している。

また、日本自動車工業会交通環境部会では、事業完成前後における交通量や大気汚染物質の排出量削減効果を検討した[21]。事業後における道路交通センサスの調査から、環状八号線も周辺道路も走行速度は向上している。一方、この区間における環状八号線の交通量は、事業後に二・七倍に増加し、周辺道路も含めた交通量は二二％増加した。大気汚染物質についてみると、環状八号線自体は交通量の増加と走行の円滑化の差し引きで増加しているものの、周辺道路での交通量減少と走行の円滑化によって、周辺地域を合わせた全体ではＮＯｘで八・六％、ＰＭで二一・五％の削減という結果である。

これをみると、一見すれば改善効果があったと評価できる。しかし、環状八号線の交通量が二・七倍に増加したことを併せて考慮しなければならない。この交通量は、当該区間のみに降って湧いたわけではなく、環状八号線に接続するさまざまな地域から集まってきたものである。したがって、他の場所で新たな渋滞を引き起こしている。あるいは、渋滞ポイントが他に移ったにすぎない可能性もある。とくに騒音については、自動車の走行速度が向上するほど一台あたりの騒音が大きくなる関係があるために、交通が円滑になったり交通量が減少しても、全体として沿道の騒音が改善されない場合がある。

また、周辺道路も含めて二二%の交通量の増加が観察されている。渋滞のために自動車の使用がおのずと制限されていた地域において、交通が円滑になったことにより、新たに自動車を使い出す人びとが増えた可能性も大きい。道路整備によって局部的に環境が改善されたとしても、広域では環境が改善されたのかどうか疑わしい逆効果が生じるのである。こうした現象は全国で数多く観察されている。

6　大規模開発・道路整備と環境への影響

新東京オリンピックの環境への影響

二〇〇七年四月の東京都知事選挙では、新東京オリンピックと、それに関連する都心再開発や環状道路の整備が論点になった。これに対しては、観念的な「賛成」「反対」よりも、それぞれの政策が実施された場合に、具体的にどのような影響が生じるかという評価が重要であろう。ここでは環境面への影響について評価してみたい。CO_2（地球温暖化への影響）、大気汚染物質であるNOx・SPM（浮遊粒子状物質）の排出量とその影響、および交通事故の被害者数がどのように変化するか推算した数字を紹介する。

選挙の結果、オリンピック推進論の石原慎太郎氏が当選した。「東京オリンピック基本構想」[22]によると、既存の施設を利用したコンパクトな大会とされているものの、ある程度の施設の整備は必要であり、エネルギーや資源を投入すれば、それに伴ってCO_2の排出や大気汚染などの環境負荷が必然的に生じる。

さらに石原氏は、オリンピックを契機に都心の再開発、環状道路の整備を行うと発言している[6]。これに対して別の論者が、都心部で高層ビルを建設すると交通渋滞を引き起こすと指摘したのに対して、石原氏は「高層ビルと交通渋滞とどういう関係があるのかわからない」「高層ビルに住むのはおもに人だから、トラックで運び込むような物資はない」と説明した。

しかし、この説明は、都市経営にあたる政策責任者として初歩的な認識に欠けている。都心の建物が人と物の動きを引き起こす源泉であることは、都市計画の基本中の基本である。

たとえば国土交通省（旧建設省）の都市計画マニュアル[7]では、都心部の一般オフィスビルは一日・一haあたり四〇〇〇〜五〇〇〇トリップ（人の発着回数）、商業施設は同じく二万トリップ以上の人の動きを発生すると想定されている。高層になれば、この影響が多重に積み重なる。さらに人が集まれば、少なくとも飲食店やその他のサービス施設が必要となるし、商業施設では商品の搬入が不可欠である。決して「トラックで運び込むような物資はない」などということはない。

環状道路については、第一に、それ自体の建設に伴う環境負荷がある。第二に、それらが完成したときに、自動車交通の状況変化による環境への影響がある。通常は第二の影響のほうが大きい。しかも、第一の影響が建設期間だけの一時的なものであるのに対して、後者は恒常的に続く。本章1に示したように、環状道路は都心部を通過する交通を迂回させ、都心部の渋滞の緩和により環境が改善されると主張する者がある。だが、詳細なシミュレーションによれば、同じく本章4に示したように、道路の整備がさらなる自動車交通を誘発して、全体として自動車交通の影響のほうが上回る可能性が高い。

東京都とロンドン市は二〇〇六年五月、「東京都とロンドン市の政策提携に係る協定書」[8]を締結した。これに関連して東京都は、地球温暖化に取り組む都市のネットワークである「世界大都市気候先導グループ」に加盟した。[9]しかしながら、ロードプライシング（都市中心部の一定区域に乗り入れる自動車に料金を賦課して、中心部の交通量を抑制する方策）を実施しているロンドン市に対して、東京都はますます都心への自動車交通を誘発する再開発事業の実施を計画している。国際的には政策の水準が対等なパートナーとはみなされないであろう。

影響の推計方法と結果

建築物や道路の建設のためのエネルギーや資源の投入によって、CO_2・NOx・SPMなど環境負荷物質がどのくらい発生するかは、国立環境研究所の「3EID」[10]データベースを利用した。これは、さまざまな商品(製品)やサービスの購入金額あたり環境負荷物質がどのくらい発生するかを、あらかじめ計算した早見表のようなデータである。

たとえば「道路関係公共事業」に一〇〇万円を投入するごとに、CO_2が三・五一トン、NOxが一一・一kg、SPMが〇・九一kg発生するなどの数字が得られる。この数字は、規格の異なる道路も一括した平均値であるために精度が粗い一方で、予想される投資額から環境負荷を迅速に推定し、事業による環境影響を評価する際には有用な手法である。

ここでは、前述の東京オリンピック基本構想や国土交通省の報告など[28]によって全体の投資額を推定し、CO_2・NOx・SPMなどの増加量を推計した。一方、これら環境負荷物質の増加によって、健康被害がどのくらい増加するか(これらの事業がなかったとした場合に比べて)は、公衆衛生学的な方法[29]によって推定する。これは、大気中のSPM濃度と、大気汚染による死者数が一定の比例関係にあることを統計的に整理した数式である。

また、**図1―12**(三四ページ)で示したように、交通事故の発生件数は自動車の走行量に比例する関係がある。したがって、オリンピックや環状道路の影響で自動車交通が増加すれば、交通事故も必然的に増加する。

表 4–3　各事業の実施による環境などへの影響

それぞれの事業を実施しなかった場合に対して、年間の増加分		オリンピックと大型公共事業を実施した場合の増加分	環状道路(外環・圏央道)の整備を実施した場合の増加分
CO_2	万 t	31	290
NOx	t	1,040	15,000
SPM	t	99	1,520
大気汚染による死者	人	150	2,670
交通事故の死傷者	人	980	17,000

以上の方法によって、新東京オリンピックと、それに関連する大型公共事業、および環状道路の整備を実施した場合の影響を、表 4–3にまとめた。表に示すように、環境負荷物質の排出と人命・健康については、オリンピック関連の事業よりも環状道路の影響が大きい。

なお、ここで示した環境負荷や健康被害は、東京都に帰属する分である。しかし、たとえば施設や道路を建設するための鉄鋼やセメントは、都内で製造しているわけではない。他の道府県、あるいは海外で環境負荷を発生させて製造して、都内に持ち込むことになる。別の言い方をすれば、これらは、東京がオリンピックや環状道路の建設によって、東京都外の他者に及ぼす迷惑の分である。オリンピックや環状道路によって利益を受ける人びともいるかもしれないが、本稿で検討したような負の側面の発生が不可避であることに注意しなければならない。

市民出資による自主環境予測の実施

ここまでは交通量予測を中心に述べてきたが、仮にそれらが妥当に推計されたとしても、市民が本当に知りたい情報にはまだ到達しない。環境面について言えば「自分の家、職場、子どもの学校などにおいて、大気汚染・騒音・振動などがどうなるのか」が、最終的に知りたい情報である。交通量の予測を環境への影響の検討に結びつけるには、さらに多くのステップが必要であり、事業者が提示する情報だけを基準にはできない。

　道路から発生した汚染大気や騒音が、地域固有の気象条件や地形のもとで各地点にどのように広がっていくかについては、実物大の実験は困難なので、シミュレーションによって予測するしかない（一部は風洞実験を行うこともある）。同じ予測交通量と交通状況（自動車の速度、大型車の混入率（大気汚染物質の排出量が多い））を用いても、その前提条件と計算法（シミュレーションモデル）によって、結果は異なってくる。

　当然ながら、地域の気象条件や地形、現状の環境（大気汚染、騒音）を考慮したシミュレーションが行われるべきだが、意外にもこれまでの道路事業では、地域固有の条件を反映しないモデルが採用されてきた。しかも、この方法によると、多くの場合、地域の環境への影響が低く予測される傾向が指摘されている。すなわち、計画時点では環境基準をクリアすると予測されても、実際に道路が供用されてみると環境基準を超過する結果をもたらす。

　たとえば高速横浜環状道路南線（圏央道）の事例では、事業者側による環境予測・評価では、大気汚染（NO_2・二酸化窒素）と騒音について、道路の供用後も環境基準をクリアするという結果が報告された。これに対して、市民側は以下の三点に懸念を抱き、自主的に予算を用意して専門機関

表4―4　事業者側予測と自主予測の結果の相違

地　点	NO_2濃度予測結果	
	事業者側による予測	自主予測
横浜市栄区上郷町	0.047 ppm	0.062 ppm
公田《くでん》インターチェンジ	0.049 ppm	0.071 ppm

（注）NO_2濃度は、正確には「年間98％値」。NO_2については、年間の各測定日の1日平均値のうち低いほうから98％に相当する値を環境基準と比較して評価する（高いほうの2％は、例外的なはずれ値として除外する）。

に検討を依頼した。

①事業者側が用いている予測の計算法（モデル）が適切でなく、結果が過小評価される可能性がある。

②計算の前提となる気象データや現状の大気汚染濃度が、地域固有の数字を用いておらず、広域的な平均値などを転用している。

③事業者側が示している予測地点が特定の二カ所しかなく、市民の生活の場である住宅、子どもの学校など、具体的な地点での値が不明である。

その結果、表4―4のように事業者側の予測とは異なる結果が示された[30]。NO_2の環境基準は国が定めた数字であり、通常は〇・〇六ppmが採用される。ある道路事業の実施に際して、この数字を超える予測がなされると、その道路事業は実施できないか、環境基準をクリアできるように計画を変更しなければならない。表に示すとおり、事業者側の予測では環境基準を超えていないが、自主予測では超えるという結果である。騒音についても、環境基準を超える地域があるとの予測が得られた。

双方とも、自動車の交通量や走行状況は同じデータを用いているにもかかわらず、なぜ差異が

表4―5　事業者側予測と自主予測の計算法と前提の比較

項目		事業者側による予測	自主予測
大気汚染	大気拡散モデル	地形・建物の影響を考慮しないモデル	地形・建物の影響を考慮するモデル
	逆転層	考慮なし	考慮あり
	濃度変換	横浜市全体の数字を使用	現地での実測地を考慮
	結果表示	道路端の2地点のみ	全地域を地図上に表示
騒音	対象項目	旧環境基準	新環境基準（1998年改正）
	結果表示	道路端の2地点のみ	全地域を地図上に表示

生じるのだろうか。表4―5は、双方の計算法や前提の相違をまとめたものである。

前述のように、地域固有の気象条件や地形、現状の環境（大気汚染、騒音）を考慮しないシミュレーションでは、予測数値が低めに算出されている。これに対して、地域の市民は事業者側と意見交換を行ったが、事業者側は、これまでの道路事業で採用されている手法（道路環境影響評価の技術手法）に基づいているという説明を繰り返したのみで、計算法の妥当性に関する議論には応じなかった[31]。こうした側面でも、従来の道路事業は、市民の関心に応えているとはいえない。

この自主環境予測の費用は約三〇〇万円であったという。道路の事業費に比べるときわめて少ない費用であるが、市民にとってこれだけの資金の調達は容易ではない。本来は事業者が行うべき検討を、市民が手弁当で行っているのである。

（1）国土交通省関東地方整備局三環状ホームページ。http://www.ktr.mlit.go.jp/3kanjo/index.htm

（2）東京高等裁判所平成一七年（行コ）一八七号事件、控訴人側陳述書（甲第四〇三号証の二〇）。なお、原

文書面は横書きであるが、本書では縦書きのため、数字の表記法や句読点を変更して引用している場合がある(以下同じ)。

(3) 前掲(1)。http://www.ktr.mlit.go.jp/3 kanjo/international/foreign.htm

(4) 西村弘『脱クルマ社会の交通政策——移動の自由から交通の自由へ』ミネルヴァ書房、二〇〇七年、一〇三ページ。

(5) 道路経済研究所「交通需要予測モデルと時間的空間的予測フレームに関する研究」『道経研シリーズA—七〇』一九九九年、三八ページ。

(6) 武田文夫「第二東名・名神高速道路の社会的課題」『高速道路と自動車』二〇〇〇年九月号、一一ページ。

(7) 道路経済研究所「わが国における道路政策のあり方に関する研究」『道経研シリーズA—一〇二』二〇〇四年、一四四ページ。

(8) 計画・交通研究会ＮＰＯ研究グループ『都市圏交通計画における非営利組織(ＮＰＯ)の役割に関する研究』二〇〇一年三月、六五ページ。

(9) 米国連邦運輸省「交通モデル改善プログラム」。ホームページ http://tmip.fhwa.dot.gov/

(10) 前掲(2)、控訴人側陳述書(甲第四〇三号証の一)。

(11) 二〇〇四年四月二二日、東京地裁平成一二年(行ウ)第三四九号第一審判決。

(12) 前掲(2)、被控訴人(事業者側)準備書面(6)。

(13) 前掲(12)。

(14) 第二四回ＰＩ外環沿線協議会資料。http://www.ktr.mlit.go.jp/gaikan/pi/24 th/index.html

(15) 国土交通省道路IRサイト、道路整備の効果事例集。http://www.mlit.go.jp/road/ir/ir-data/ir-data.html
(16) 円山琢也・原田昇・太田勝敏「誘発交通を考慮した混雑地域における道路整備の利用者便益推定」『土木学会論文集』七四四号、VI―六一、二〇〇三年、一一三ページ。
(17) 国土交通省関東地方整備局道路部道路計画第二課「平成一三年度道路整備による誘発交通量推計手法に関する調査業務報告書」二〇〇二年三月、九七ページ。
(18) 平均走行速度とCO_2の関係については、いくつかの推計式が提案されている。ここでは、道路関係でよく使われている旧建設省土木研究所の推計式を用いた。
(19) 国土交通省「地球温暖化防止のための道路政策会議報告書」二〇〇五年一二月、一八ページ。
(20) 国土交通省道路局「平成一七年度道路整備効果に関する検討業務報告書」二〇〇六年、一三ページ。
(21) 伊東大厚・河田浩昭・日本自動車工業会交通統括部「道路構造の改良による沿道環境改善効果の検証」『自動車交通研究　環境と政策二〇〇一年版』日本交通政策研究会、二〇〇一年、一八ページ。
(22) 東京都ホームページ、報道発表資料「東京オリンピック基本構想懇談会報告について」。http://www.metro.tokyo.jp/INET/OSHIRASE/2006/02/20g2h500.htm
(23) 日本インターネット新聞の都知事選挙公開討論会（石原慎太郎・浅野史郎・黒川紀章・吉田万三の各氏）全映像。http://www.janjan.jp/election/0703/0703160789/1.php
(24) 建設省都市局「大規模開発地区関連交通計画マニュアル」一九九九年八月。
(25) 「都」と「市」は政策単位として同列のものではないから、この協定自体の妥当性が疑われる。
(26) 東京都環境局ホームページ「世界大都市気候先導グループへの東京都の参加について」。http://www2.kankyo.metro.tokyo.jp/sgw/lcclg/lcclg.html

（27）国立環境研究所「産業連関表による環境負荷原単位データブック（3ＥＩＤ）」。http：//www-cger.nies.go.jp/publication/D 031/jpn/index_j.htm
（28）国土交通省国土交通政策研究所「経済成長と交通環境負荷に関する研究Ｉ」二〇〇五年一月、前掲（17）。
（29）兒山真也・岸本充生「日本における自動車交通の外部費用の概算」『運輸政策研究』第四巻第二号、二〇〇一年、一九ページ。
（30）環境総合研究所「高速横浜環状道路南線（圏央道）建設事業に関する公田インターチェンジ～神戸橋周辺地域の大気汚染・騒音に係る環境影響予測・評価調査業務報告書」二〇〇七年七月、二ページ。
（31）横浜環状道路（圏央道）対策連絡協議会「横浜環状南線（圏央道）環境アセスに関する質問集会記録―その1・大気汚染予測について―」二〇〇五年一二月。

第5章

ムダな道路とは

1　ムダとは何か

総合的な評価が必要

道路に限らず、公共事業あるいは行政の施策について、よく「ムダな事業」という表現が用いられる。しかしながら、政策の提言・評価のためには、たとえ批判的な観点であるにせよ、誰がどのようにムダと評価できるのかについて、方法と手順を明確にし、かつ第三者による検証も可能なように整理しておく必要がある。では、通常ムダと言われる内容は何だろうか。多くの場合、次のような意味が含まれていると考えられる。

①投入する費用(財源)に対して効果が乏しい。
②外部に対する損失(環境破壊などマイナス面)が大きい。
③費用の償却に要する期間が非現実的に長く見込まれている(借入金のある事業)。
④費用を負担する人や影響を被る人と、便益を受ける人が一致していない(これには地理的・時間的・社会的など、さまざまな側面がある)。
⑤行政が他に行うべき仕事(社会保障など)の費用・機会を圧迫している。
⑥事業の実施経緯や住民に対する説明に透明性が欠け、意志決定のプロセスに住民が関与でき

ない。

民営化委員会の議論の過程で、道東自動車道[1]が「通る車の数より熊の数が多い」などと揶揄され、たびたびムダな道路の例として取り上げられた。しかし、道東自動車道にまったく何の便益もないわけではない。どのような道路でも、造った以上、利用者はゼロではないので、何らかの便益を受ける人は存在する。一方で、都市高速道路や幹線系の高速道路に比べて交通量が非常に少なく、有料道路として計画されていながら料金収入で建設費用を償却する見込みがない。こうした意味を総合的に含んで、ムダと評価されたと考えられる。

①〜⑥に加えて、事業そのものに対する費用や効果とは性格の異なる批判もある。ある公共事業を実施し、事業そのものは有意義と評価されても、設計や工事の発注をめぐって違法な便宜の供与などが行われていたり、不自然に高い単価の発注などが指摘されることがある。道路の事業者側である公務員の給与や福利厚生が、国民の平均に対して高いなどの批判もみられる。これらは、本来の事業の費用対効果とは性質が異なる議論であるが、包括的にムダという表現で批判される背景となっている場合が多い。

①の投入する費用に対する効果という評価はもっともわかりやすいが、これだけでは一面的な評価にしかならない。ある道路で、時間あたり最大の交通量が流せる速度(「臨界速度」と呼ばれる)は渋滞寸前の速度であり、一般道で時速一五km、高速道で時速四〇km程度である。もし「最小の費用で最大の交通量を流す」ことだけを評価項目にすれば、こうしたサービス水準の道路が望ま

しい。しかし、これでは道路利用者にとって望ましい状態とは言えない。このように費用と便益の評価は、誰にとって、どのような項目を対象にするのかによって異なってくる。

費用・便益分析の考え方

このような問題を検討するにあたって、ある程度の客観的な指標を与える手法として「費用・便益分析」が提案されている。最近の多くの道路事業で事業者側が一般的に採用している手法は、国土交通省の『費用便益分析マニュアル』(2)(以下「マニュアル」)である。その考え方は『道路投資の評価に関する指針(案)』(3)(以下「指針」)に解説されている。

ムダについての議論をするとき、誰にとっての「費用(マイナス)」か「便益(プラス)」かという問題を同時に考えなければならない。道路整備の結果が、ある人にとっては利益(便益)であるが、別の人にとっては損失(費用)になりうる。たとえば次のような関係がある。

①新しい道路が建設された場合、道路利用者にとっては利便性の向上になるが、沿道の住民にとっては大気汚染や騒音の影響を被ったり、立ち退きを要求されることもある。

②有料道路であれば、その料金収入は、事業者にとっては利益であるが、道路利用者にとっては費用である。利用者にとっては、無料または安価が望ましい。一方で、有料道路であるか否かにかかわらず、建設費は必要だから、「無料」ならば費用を税金で賄うしかない。これは政府あるいは自治体にとっての費用であるとともに、その税を払っている納税者の費用となる。

表5—1　費用と便益の「帰属」

分野			項目	道路事業者	道路利用者	歩行者	生活者	生産者	道路占有者	土地所有者	公共	世界
直接効果	道路利用	道路利用	走行時間短縮		＋							
			走行費用減少		＋							
			交通事故減少		＋							
			走行快適性の向上		＋							
			歩行の安全・快適性の向上			＋						
			利用料負担		−							
	沿道地域社会	環境	大気汚染				＋	＋				
			騒音				＋	＋				
			景観	±	±	±	±					
			生態系									±
			エネルギー(地球環境)									±
		住民生活	道路空間の利用				＋					
			災害時の代替路確保				＋					
間接効果			生活機会・交流機会の拡大				＋					
			公共サービスの向上				＋					
			人口の安定化				＋					
		地域経済	新規立地に伴う生産増加					±				
			雇用・所得増大				＋					
			財・サービス価格低下				＋	−				
			資産価値の上昇					−		±		
	公共部門	財政	公共施設整備費用の節減					−			＋	
		租税収入	地方税				−	−			＋	
			国税				−	−			＋	
		公的助成	補助金	＋							−	
			出資金	＋							−	
事業収支		収入	利用料収入	＋								
		事業費	建設費	−								
			維持管理費	−								

(出典) 道路投資の評価に関する指針検討委員会『道路投資の評価に関する指針(案)』より簡略化して表示。

③ある地域で道路のサービスレベルが向上して周辺の不動産評価額が上昇すると、不動産を売ろうとする所有者・不動産の貸し手・ディベロッパーなどにとっては利益になるが、住み続けたい所有者・土地や建物の借り手などにとっては損失になる。もっとも、不動産を売ろうとする者・貸そうとする者であっても、価格の上昇の程度が一定限度を超えれば買い手・借り手が逆に制約されることもありうるので、よいとばかりも言えない。

こうした相互関係が数多く想定される。表5―1は、費用・便益の基本的な考え方をまとめた「指針」に掲載されている表を簡略化し、相互関係の一端を示したものである。表のそれぞれの項目が交わったところで、ある利害関係者にとって便益は＋(プラス)、費用は－(マイナス)を示す。算定の方法によって、プラス・マイナス双方に振れる可能性のある項目もある。簡略化しても、なお多数の項目と関係者がかかわり、道路をめぐって複雑な利害関係を考慮しなければならないことが示されている。

2　費用・便益の具体的な推計

走行時間の短縮便益

道路の整備によって、時間の節約効果が期待される。その内容には大別して二つある。一つは、ある出発地から目的地に移動する場合に、新しい道路を使うことによって従来よりも所要時間が短縮される効果である。もう一つは、従来から存在する周辺道路の交通が新しい道路にシフトして、周辺道路での走行がスムースになることによる、時間の短縮効果である。これらを関連する地域と道路利用者の全体にわたって集計し、その時間短縮効果を経済価値に換算して評価したものが、便益の額である。

時間を経済価値に換算する方法としては、大別して所得の時間価値による方法と、利用者の選好から求める方法の二つがある。

一つは、時間あたりの平均的な勤労者の賃金に相当する額を、時間価値とみなす方法である。「所得接近法」「資源価値法」とも呼ばれる。ただし、この方法については、まだ多くの議論が残っている。時間の価値は、人（職業や所得など）によって異なるであろう。同じ人でも、行動目的（仕事かレジャーかなど）、平日か休日かなどの状況により異なり、さらに都市部か農村部かなどきわめて多くの要素によって異なる。こうした多様性の反映はまだ研究段階であるが、通常は車種ごとに「一分あたり何円」という換算値を設定して計算される。その数字は、「マニュアル」では表5−2のよう

表5–2　時間の経済価値への換算係数

車　種	金額（円／分）
乗用車	56
バス	496
乗用車類	67
小型貨物車	90
普通貨物車	101

（出典）国土交通省道路局都市・地域整備局『費用便益分析マニュアル』2003年8月。
（注1）統計や検討のケースによって、乗用車とバスを一括して「乗用車類」として扱う場合がある。
（注2）普通貨物車はいわゆる1ナンバーで、通称「大型トラック」である。

に設定されている。

もうひとつは、たとえば高速道路(有料)と一般道があった場合、現に設定されている高速料金に対して、高速道路と一般道にどのくらいの割合で自動車が振り分けられているかを調査したデータに基づいて人びとの時間価値を推定する方法で、「選好接近法」「行動価値法」とも呼ばれる。この方法は、時間価値をより現実的に表していると考えられる。一方で、ある場所で求めた結果が、条件の異なる他の場所に適用できる保証がない、すなわちこれから建設される予定の道路に対しては適用しにくいという制約もある。

また、走行時間の経済評価には、道路の混雑により時間がかかるという要素以外に、到着時間の不確実性という要素もある。時間に余裕をみればムダな時間による損失が生じるリスクがあり、逆に時間に余裕をみなければ必要な時間に遅れるリスクを負担する。このリスクを新たに道路を整備して回避できると仮定したとき、道路利用者がどのくらい費用を負担する意志があるかを計測すれば、走行時間に関する費用に含まれる評価となる。ただし、いくつかの研究はあるが、まだ実用的な見解は得られていない(4)。

走行経費の減少便益

同じ距離を走行するにも、渋滞した道路より空いた道路のほうがいわゆる「燃費」がよくなり、燃料が節約される。こうした燃料費用や、潤滑油類の費用、タイヤ・チューブ費用、車両の維持

・修繕費用、車両償却費用などを、整備前と整備後について、その区間を走行する自動車について合計した金額の差が、走行経費減少便益である。この数字は、車種と走行速度によって異なるので、換算式あるいは換算表を用いて計算する（タイヤ・チューブ費用は、最近ではほとんどの道路が舗装されているから、差はない）。

多くの事例では、走行時間短縮便益が大部分を占め、走行経費減少便益はそれほど大きな影響を及ぼさないので、ここでは具体的な数字は省略する。

交通事故の減少便益

運転者、同乗者、歩行者に関する人的損害額、交通事故により損壊を受ける車両や構築物に関する物的損害額、事故渋滞による損失額などを、整備前と整備後について、その区間を走行する自動車について合計した金額の差が、交通事故減少便益である。交通量、交差点の数、車線の数、中央分離帯の有無、沿道の状況（人口密集地かどうか）などの条件によって、統計的に交通事故がどのくらい発生しているかをあらかじめ係数として求めておき、それから損害金額を求める。ただし、交通事故の損害を経済価値で表すためには、「人命や健康は、金額としていくらに評価されるか」という議論が並行して必要となる。

もとより人命や健康の値段とは、それを払うからといって、被害者の人命や健康を購《あがな》うとか免罪されるという意味ではない。人命や健康が失われることを未然に防止し、そのリスクを低減させるために、人びとがどれだけ負担する意思があるかを示す指標として解釈されるべきものである。

そうした仮定のもとでも、日本では人命や健康の経済的な評価が「安い」という指摘がある。[5] 世界中の人命の経済的評価を調査した報告によると、日本は調査された二二カ国中で下から三番目、旧東欧圏よりも安いという結果が示されている。これはおもに、苦痛、不便、不快、悲嘆といった非金銭的な主観的被害について、日本では含めていないからである。統計的手法によって各種の調査から人びとの意思を集約していくと、EUの社会的費用プロジェクトの試算では生命の価値に対して三億四〇〇〇万円、[6] UIC（世界鉄道連合）の試算では同じく一億六五〇〇万円、重傷に対して二二〇〇万円、軽傷に対して一六五万円[7]といった、統計的な意味での生命や健康の価値が求められる。

国内で検討される費用・便益分析の多くの事例では、時間短縮便益に比べて、交通事故の減少便益はそれほど大きな影響を及ぼさない。なお最近、日本の内閣府でも、人命の損失について非金銭的な被害を考慮した調査報告書を公表した。それによると二億二六〇〇万円という結果で、[8] 諸外国と比較して大差ない。

大気汚染の費用

鹿島茂氏（第2章参照）らは、大気汚染の影響項目として、表5―3のような損失項目と損失評価額の計測方法を例示している。

大気汚染による人命・健康の被害額は、経済価値に換算すると交通事故を上回るという研究[9]もある。大気汚染の費用を求めるには、第一のステップとして、どの汚染物質に注目するかを特定しなければならない。自動車から排出される大気汚染物質として、ＮＯｘ（窒素酸化物）とＰＭ（粒子状物質）がこれまでおもに注目されてきた。そのほか、燃料系統から漏洩するＨＣ（炭化水素）、排気ガス中の化学物質など、さまざまな有害物質が存在する。

現状では、発生量そのものが正確に把握されていない物質もあり、人間の健康への影響も数量化されていないため、自動車に起因する汚染の全体像は明確でない。このため「マニュアル」では、代表物質としてＮＯｘ（窒素酸化物）の量で評価している。これに対して、ＰＭのほうが有害性が高いという指摘もある。いずれにしても現状で取り扱われている費用は、自動車交通に起因する多岐にわたる大気汚染のうち、ごく一部にすぎない点に注意する必要がある。

ただし、実際には、たとえばＮＯｘの総量削

表5—3　大気汚染による損失項目

損失項目	概　　要
健康費用	人的費用（本人） 家族が受ける費用（人的費用、介護の費用）
	医療費、逸失利益、訴訟の費用
物質被害	建物の汚れ、洗濯物の汚れ
農作物の被害	農作物の収穫の減少
可視性の被害	きれいな大気のもとで生活できない不快感
生態系の被害	森林、その他

（出典）鹿島茂・今長久「道路交通の環境費用の計測動向」『交通工学』第40巻第4号，2005年、15ページ。

減のために対策を実施すると、PMなど他の汚染物質の総量削減にも多くの場合、有効である。解明されていない点があるとはいえ、できるところから対策を講じるべきであろう。

第二のステップとして、汚染発生源、つまりある区間の道路を走行する自動車から、量としてどのくらい汚染物質が発生するのかを推定する。この際ディーゼル車のほうがガソリン車より多くの汚染物質を発生するし、重量車ほど汚染物質が多くなるから、単に台数でなく、どのような車種が含まれているかが問題となる。さらに、排出量は自動車の走行速度によって影響される。第1章で解説したように、平均走行速度が遅いほど増加する。

第三のステップとして、発生した汚染物質がどれだけ人間に摂取されるかを推定しなければならない。ある道路が人口密集地を通っていれば、同じ量の汚染物質が排出されても、影響を被る人が多くなる。逆に道路が山間部を通っているだけであれば、酸性雨など生態系への影響は別として、人間への影響は相対的に少ない。

さらに、人間への影響は、道路からの距離によっても左右される。道路の近くは汚染物質の濃度が高く、道路から遠ざかるにしたがって汚染物質の濃度は低くなる。なお、現実の大都市では、人口密集地の中を交通量の多い幹線道路が網の目のように通っているため、複数の道路からの影響が重複し、面的な汚染が発生している。

第四のステップとして、ある汚染物質の濃度に対して、一定の人口(たとえば一〇万人)あたり、大気汚染によって何人に人命・健康の被害が発生するかを統計的に調査する。その被害に対して、人命・健康の被害に相当する費用を計算して、大気汚染物質の発生量に対する費用が求められる。ここでの人命・健康の損失が経済的にどのような額に相当するかについては、交通事故の場合と同じ考え方がとられることが多い。「マニュアル」が採用した数字は、一トンあたり人口密集地に対して二九二万円、その他市街部について五八万円（ともにNOx）などである。

なお、「マニュアル」では代表物質としてNOxのみを採用している。NOx以外の汚染物質の費用も計上する場合には、それぞれの物質が、ある基準物質に対してどのくらいの倍率で影響（簡単には「有害性」と考えてよい）を有するかという換算係数を用いて計算する方法がある。いくつかの研究があるが、WHO（世界保健機関）のガイドラインを採用した場合、NOxを基準（一・〇）とすれば、HCは〇・四五、SPM（浮遊粒子状物質）は〇・五三となる。

地球温暖化の費用

同様に、地球温暖化費用の損失項目と評価額の推計の考え方については、表5―4のように整理されている。

地球温暖化に起因する影響については、多くの研究が行われてきた。たとえば東京大学気候システム研究センター・国立環境研究所・海洋研究開発機構地球環境フロンティア研究センターの合同研究チームの報告[10]によると、経済重視で国際化が進むと仮定したシナリオのもとで、大気中のCO_2の濃度の上昇につれて、二一〇〇年までの世界的な気候にどのような影響が生じるかを予

表 5―4　地球温暖化の費用項目

損失項目		概　　要
市場財の損失		農作物収穫量の減少・価格の上昇、海面上昇による土地防護費用、失われる土地の価格、高潮被害、失われる森林の経済価値、水供給価格の上昇、気温上昇による暖房使用減少[※]と冷房使用増加による電力供給変化、サイクロン(暴風雨)の規模と破壊力の増加による被害の増加、干ばつ期間と規模増加による農業への被害、異常気象による大災害での保険業界の損害、水力発電への被害、建設業界での仕事が可能な時間の変化による影響、観光・レジャー産業の被害、海面上昇や異常気象が都市施設に与える被害 [※この項目についてはエネルギー使用の減少につながる]
非市場財の損失	健康被害	熱波による人命の損失、熱中症、伝染病拡大や蔓延地移動による被害、光化学スモッグ
	汚染	オゾン、河川水量減少による水質汚濁
	暑さ	酷暑による不快感など
	生態系	希少種の絶滅
	移住	海面上昇や異常気象などで強要される移住による精神的損失

(出典) 表 5―3 に同じ。

測している。たとえば日本については、真夏日の日数、豪雨の頻度とも平均的に増加し、とくに一〇〇㎜(一日あたり)以上の豪雨日数も平均的に増加するなどの予測である。

　次に、気温の上昇がもたらす海面の上昇による居住地の損失、経済的被害、農作物の生産に対する被害、生態系の変化などの被害推計のステップがある。まだ諸説が混在している状況であるが、「マニュアル」では、炭素トン[11]あたり二三〇〇円という数字を採用している。これに対してEUの「ExternE」[12]というエネルギー源選択のための評価プロジェクトでは、一桁大きく、炭素トンあたり八一四〇～二万五三〇〇円という数字を採用している。これを具体的に自動車の走行一㎞あたりの費用に換算すれば、「マニュアル」では一台㎞あたり〇・二円(乗用車)となるが、ExternE の評価額を採用すると一・六～三・六円となる。

騒音の費用

騒音の大きさは、自動車本体の騒音とともに、道路の構造(車線数、高架・盛土など)・道路周辺の状況・交通量・車種構成(小型車・大型車の比率)・走行速度などによって、各種の条件を組み合わせて推算する(13)。

騒音と道路整備の関連については、低減と増加の二つの相反した影響が考えられる。すなわち、渋滞の解消によって不必要な発進・停止の頻度が減ることによる騒音の低下要因と、道路の整備によって交通量そのものが増加する要因である。また、大気汚染と同様に、ある自動車から同じ大きさの音が発生しても、沿道にどれだけの人が居住しているかによって、被害を被る人の数が異なり、費用の評価も異なる。

地球温暖化や大気汚染の場合は、同じ車種が同じ条件で走るとすれば、全体の排出量を算出するには、その道路区間における走行台数をかければよい。これに対して騒音の影響は、台数の比例計算にはならないので「一台㎞あたり」の数字を出すことがむずかしい。騒音に関する社会的費用の評価例の多くは、交通量が集積した状態の騒音を一定の方法で推算し、それを走行台kmで割ることによって、単位走行量あたりの影響を算出する方法が用いられる。

騒音の経済評価を大別すると、いわゆる「迷惑料（生活妨害）」的な考え方と、不動産の価値低下（法律的には財産権の侵害）という二つの流れがある。[14]

生活妨害としての評価の例では、各種の騒音に関する訴訟での損害賠償の額などから一定の目安が得られている。道路交通騒音に対して、国道四三号線訴訟（兵庫県神戸市）の例などから、一人・一年あたりの額は等価騒音レベル（Ｌｅｑ（ｄＢＡ）[15]）あたり七万二〇〇〇円から一二万円などの値が得られている。また、各種（新幹線、航空機、道路）の騒音を平均して、六五デシベルまで五万六〇〇〇円の定額、それより一デシベル超えるごとに三万一四〇〇円としている。

また、実験によって騒音の費用を推定する手法もある。ワンルームマンションを想定した音響室に、実際に録音した騒音（道路交通騒音・鉄道（在来線）騒音・航空機騒音・新幹線騒音）を、強さを変えて被験者に聞かせ、そこから一定レベルに改善するためにいくら支払う意志があるかを提示してもらう実験である。[16]その結果、それぞれ「デシベル・人・年」あたり、道路交通騒音二一九五円、鉄道（在来線）騒音一七〇〇円、航空機騒音二二一九円、新幹線騒音二一八四円であった。

不動産の価値低下による評価の例としては、中古マンションの値付け査定マニュアルで、周辺の騒音が価格低下の要素として計上される関係を利用して、費用に変換する考え方がある。駅へのアクセス、日照など一八の項目に対して加点・減点法で査定される。屋外騒音レベルが四〇デシベル(A)をマイナス三点、五〇デシベル(A)をマイナス五点、六〇デシベル(A)をマイナス一〇点などとしている。他の項目と比較すると、たとえば最寄りの鉄道駅まで一〇〇m以内ならプラス一〇点、もっとも悪い評価として、築後二一年がマイナス二一点などである。したがって、騒音は不動産価格に対してかなり大きな影響を有することがわかる。

振動・低周波音の費用

道路公害としての振動は震度1～3の地震に相当し、沿道の人びとの生活妨害を引き起こしたり、建物の損傷に至ることもある。この「振動」は地盤など固体を伝わる振動エネルギーであるのに対して、「低周波音」は空気を伝わる振動エネルギーである。低周波音は一〇〇ヘルツ以下の周波数の空気振動で、高架道路の橋梁の振動や走行車両の車体・エンジンなどから発生すると考えられている。通常の人間には聴こえない二〇ヘルツ以下も含まれる。

低周波音そのものは物体を損傷することはないが、窓や戸が振動して音を発生したり、睡眠妨害・精神の不安定をもたらすなどの生活妨害を生じる。具体的な被害状況については、汐見文隆氏(医師)の文献[17]でまとめられている。しかし、振動や低周波音の被害を経済価値に換算する方法についての研究は少ない。三上市蔵氏(都市環境工学)らによると、人口密集地での試算例では、前項の騒音の経済評価値の約四分の一、低周波音についても同じく約八分の一程度に相当すると報告されている。[18]

表5—5　自動車の社会的費用

		走行距離あたり（円／台 km）				輸送量あたり（円／人km、円／トン km）			
項目	総費用（円）	乗用車	バス	大型トラック	小型トラック	乗用車	バス	大型トラック	小型トラック
大気汚染	8 兆 2804 億	1.8	69.2	59.1	13.8	1.3	4.8	19.8	114.1
気候変動	2 兆 2625 億	2.2	9.4	7.8	3.1	1.6	0.7	2.6	25.9
騒音	5 兆 8202 億	3.6	9.4	7.8	3.1	1.6	0.7	2.6	25.9
交通事故	5 兆 0168 億	7.1	7.4	7.9	4.9	5.0	0.5	2.7	40.8
インフラ	5 兆 0706 億	7.0	7.0	7.0	7.0	5.0	0.5	2.4	58.2
混雑	6 兆 0000 億	7.3	14.6	14.6	7.3	5.2	1.0	4.9	60.3
合計	32 兆 4505 億	29.0	117.0	104.2	39.2	19.7	8.2	35.0	325.2

（出典）兒山真也・岸本充生「日本における自動車交通の外部費用の概算」『運輸政策研究』第 4 巻第 2 号、2001 年、19 ページ。

社会的費用の試算例

これまではそれぞれの項目の数量に対する経済評価額を、時間については「一分あたり」、大気汚染についてはＮＯｘやＳＰＭの「排出量あたり」、騒音については「デシベル・人・年あたり」といった単位の金銭価値で表示してきた。しかし、これらを自動車交通と結びつけて合算して評価するためには、統一した基準にそろえる必要がある。このため通常は、自動車の走行距離（台・km）あたり、あるいは輸送量（旅客は人km、貨物はトンkm）あたりの費用として整理する。この具体的な計算方法や値については国内外で多くの議論があり、全体の状況を拙著[19]に要約して示しているので、参照していただきたい。

本書では、最近多く引用されている試算例として、兒山真也氏と岸本充生氏による整理を表5—5に示す。これは、道路交通に起因する費用には多岐にわたる項目があるなかで、当面算定可能な項目として、大気汚染・気候変動・騒音・交通事故・インフラ（道路整備費用のうち、道路利用者が負担していない分）・混雑について検討したものである。この報告では、計算に用いている基礎数値の出所などによって結果に開きが生じるため、高位・中位・低位の数字が提示されており、表ではそのうち中位の値のみを示した。

同じ一kmの走行でも、車種（乗用車・バス・大型トラック・小型トラック）によって環境負荷が異なるので、表は車種別に表示されている。厳密に考えると、大都市と農村部の相違や、同じ道路でも混雑時と閑散時の相違などによっても、数字の差が生じるはずである。その検討は今後の課題だが、全体には、欧米などにおけるこれまでの研究と比較しておおむね近い結果が得られている。たとえば乗用車については、走行kmあたり二〇円程度（混雑の費用を含めない場合）の費用が発生していると推定されている。

3　圏央道の費用便益評価

事業者側の推計

こうした評価が実際の道路計画においてどのように適用されているか、圏央道での検討事例を紹介しよう。国土交通省関東地方整備局相武国道事務所では、圏央道の八王子ジャンクション〜

青梅インター間の二〇・三㎞の事業について表5―6のように費用・便益分析を行い、「走行時間短縮便益」「走行経費減少便益」「交通事故減少便益」の合計で、便益を八〇九五億円と推計した。一方、費用は「建設費」と「維持管理費」の合計で三六四五億円と推計している。

より正確に説明すると、これらの数字は単年度あたりの数字ではなく、長期間(ここでは四〇年間)について社会的割引率を考慮した累積額である。この社会的割引率とは、いま持っているお金の価値が将来になるほど減耗していく比率を意味する。すなわち、現在の一万円は五年後に八二二〇円、一〇年後に六七六〇円などと評価(社会的割引率を四%として)される補正を加えて、全期間を累積した数字である。結果をまとめると、投入した費用の三六四五億円に対して、四〇年間の累積で八〇九五億円の便益が生じると推計されるので、費用に対する便益の比は二・二となる。

表5―6　圏央道の費用便益分析結果

	項　目	金額(億円)
便益 (40年間の累積)	①走行時間短縮便益	7041
	②走行経費減少便益	723
	③交通事故減少便益	331
	合計①＋②＋③(B)	8095
費用	④事業費(建設費)	3487
	⑤維持管理費	158
	合計④＋⑤(C)	3645
費用便益比	B/C	2.2

(出典)相武国道事務所ホームページ。

評価項目選定の問題点

この推計内容を検討すると、さまざまな問題が指摘される。まず、便益として「走行時間短縮」「走行経費減少」「交通事故減少」が計上されている。この項目の選定について、事業者側は「マニュアル」に準拠したものと説明する。[20]

しかし、表５―１（一七一ページ）に示すように、道路にかかわる費用の項目は多岐にわたる。たとえば圏央道は、その整備によって都内の通過交通を迂回させると説明されているが、圏央道自体についてみれば、それまで道路が存在しなかった地域を交通量の多い高速道路が通過するのであるから、環境への負荷が新たに発生することは不可避である。ところが、そうした費用の項目は計上されていない。事業者側は、手順として「マニュアル」に準拠していると述べるのみであって、それをもって公益性の証明に充分であると判断する根拠にはならない。

三上市蔵氏らは、圏央道の費用便益分析でも引用されている「指針」が、環境項目の一部しか対象にしておらず、環境への影響を的確に捉えていないと指摘している。費用の項目は数多くあるが、同じ条件の道路について費用便益を試算したところ、「指針」の方法では費用便益比が一・七五であったのに対して、図５―１に示すように三上氏らが提案する環境項目を加えると、一・三五に低下したという。これは、「指針」では費用便益比が一・〇を上回る事業であっても、さまざまな条件の設定によっては一・〇を下回る可能性があることを示している。

表５―６に示されるとおり、便益に計上されている三項目のうち、大部分は走行時間短縮便益で

図 5─1　道路環境問題にかかわる項目

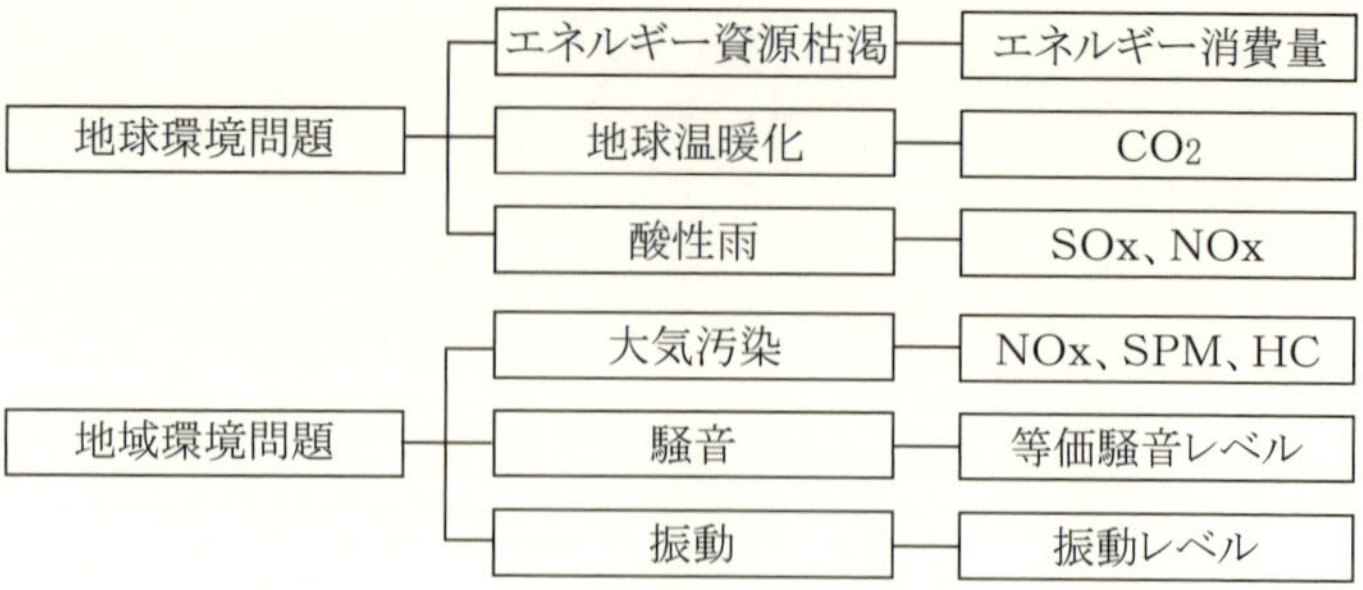

（出典）三上市蔵・窪田諭・田中将睦「一般道路を対象とした費用便益分析への環境コスト適用の手法に関する研究」『第 33 回環境システム研究論文発表会講演集』2005 年 10 月、79 ページ。

ある。しかしながら、第3章で検討したように、将来のある時点における道路の時間短縮効果は、推計の方法によって大きく異なる可能性がある。

便益に計上されている時間短縮便益は、計算された短縮時間の合計に対して時間あたりの単価を乗じたものであるから、事業者が七〇四一億円と評価している走行時間短縮便益について、第3章6で示したように、推計法によってその数字が半分となることも考えられる。仮に時間短縮便益が半分になれば、便益全体もおよそ半分になると考えられる。

建設費用の膨張

検討の対象となっている圏央道の事業区間（八王子ジャンクション〜青梅インター間）の建設費は、表5─6のように三四八七億円と想定されている。しかし、この部分に対応する実際の事業費を調査したところ、すでに支出した実績分だけでも約五三〇〇億円[21]に達した。この調査時点では、検討対象区間のうち、八王子ジャンクション〜あきる野インター間ではまだ工事中の部分が残っており、最終的な事業費の精算額ではさらに建設費が膨張することは確実である。すなわち、費用便益分析では三四八七億円として計算されているものの、実際はその一・五倍あるいはそれ以上となると考えられる。

事業者側は、費用に対する便益の比は二・二となって費用を上回る便益が期待できるから、公益性があることを示す一つの根拠であると説明している。しかし、費用が一・五倍ないしはそれ以上に膨張している一方で、より精密な推計方法によれば便益は半分程度となるから、費用に対する便益の比は一・〇をかなり割り込む。したがって、少なくとも費用・便益分析の観点からは、事業者側が主張している公益性は否定されることになる。

費用便益分析に対する裁判所の判断

こうした指摘に対して、二〇〇七年六月の東京地裁八王子支部による判決[22]（東京都八王子市の高尾山付近の圏央道の工事を差し止める請求）では、次のように述べ、原告の請求を退けている。

「なお、原告らは、事業費が膨張している点や、被告らが便益を過大に推計している点で、費用便益比は一・〇を下回ると主張する。確かに、平成一一年一月以降、圏央道自体の工事計画が延期される等しており、平成一一年における予測と比較して、事業費が増加している可能性は否定できないが、事業費がどの程度、増加膨張しているのかは不明である。また、被告［註・国と高速道路会社」らの費用便益分析は、費用便益分析マニュアルに基づいて行われたものであり（乙94の1及び2〔注・証拠の書類番号のこと〕）、一応、合理的なものと推定できるのであって、原告らの主張は採用できない」

内容が不明としていながら、「マニュアル」に基づいて計算しているから合理的と推定できるというのでは、単に形式的な手続きさえ整っていればよいという判断にすぎない。そもそも、①「マニュアル」に記述された手法・数式が妥当かどうか、②仮にそれらが妥当であったとしても手法や数式に適用するデータが妥当かどうか、という批判的な検討を加えず、「マニュアルに基づいている」という根拠だけでは、本件のように公衆の生命・健康にかかわる問題には対応できない。今回の判決は、裁判所が論理的な考察を放棄したものといわざるをえない。

現に、二〇〇七年七月一六日に発生した新潟県中越沖地震による、東京電力柏崎刈羽原子力発電所の損傷の事例がある。表面上は現行の規定・基準を満たし、違法性がないにもかかわらず、評価の手法や数式が妥当でなく、かつ適用するデータにも誤りがあったために、現実には損傷を招いた。今回の事態については、その危険性を指摘する側がかねてから問題としてきた内容がことごとく的中したのである。それは、この種の技術的な評価に共通する内容である。

なお、判決文に「一応」との文言があるが、司法用語としては曖昧であり、完全には信用していないという意味をもたせているようにも受け取れる。もし疑いがあるのなら、具体的に指摘すべきであった。また、同判決では、結論の一部として次のように述べている。

「以上〔注・事業者側が提示する事業の効果など〕からすると、圏央道をはじめとする三環状道路を整備することによって、都心部において慢性的に発生している交通混雑を緩和し、首都圏全体の円滑かつ安全な交通の確保を図るとともに、都心部一極集中型から多極型への転換を図り、首都圏全体の調和のとれた発展に貢献することが見込まれる。これに加えて、本件事業によって、一般国道一六号等の幹線道路の交通混雑の解消や周辺の市街地生活道路に流入していた通過車両を排除し、既設幹線道路・市街地生活道路について本来の生活道路としての機能回復を目指すものでもあり、地元自治体や住民等の期待もよせられており、本件事業には公益上の必要性ないし公共性が認められる」

しかし、これはいわば事業者側のホームページ（第4章1参照）を引き写した程度の内容であり、単なる期待を結論に置きかえた循環論法にすぎない。しかも、訴訟ではとくに争点となっていない「都心部一極集中型から多極型への転換」云々についてまで、事業者側の説明を無批判に採用・強調した判決となっている。第4章で指摘しているとおり、事業者側の説明に反した事実が現実にたびたび発生している事実に照らして、本判決は考察が充分とは言えない。

（1）北海道千歳市から釧路市・北見市間（現在は部分開業）の道路。一日の交通量が二〇〇〇台前後で、同じ北海道内の道央自動車道でも二万台レベルの交通量があるのに対して、必要性が乏しいのではないかと指摘されていた。

(2) 国土交通省道路局都市・地域整備局『費用便益分析マニュアル』二〇〇三年八月。
(3) 道路投資の評価に関する指針検討委員会『道路投資の評価に関する指針(案)』一九九八年。
(4) 自動車が発生している社会的費用の車種別推計プロジェクト『自動車が発生している社会的費用の車種別推計』日交研シリーズA―三九五、二〇〇六年、一七ページ。
(5) 越正毅「交通事故防止の(社会的)価値の推計に関する研究―非金銭的な人身被害を金額評価する方法―」『JAMAGAZINE』二〇〇五年五月号(ウェブ版 http://www.jama.or.jp/lib/jamagazine/200505/12.html)。
(6) 松川勇「外部費用評価の実証的側面―公衆の健康損害に関するエネルギー外部性の評価手法―」『エネルギー・資源』第二一巻第六号、二〇〇〇年、二六ページ、EUのエネルギーの外部費用推算プロジェクト「ExternE」の値。
(7) ベルナー・ローテンガッター「欧州の交通をグリーン化する―交通の外部費用と内部化戦略―」『国際交通安全学会誌』第二六巻第三号、二〇〇一年、一六四ページ(原データはINFRAS/IWW 2000, External costs of transport, UIC, Zurich, Karlsruhe, Paris, 2000.)。
(8) 内閣府「交通事故の被害・損失の経済的分析に関する調査研究報告書」二〇〇七年三月、七二ページ。
(9) 兒山真也・岸本充生「日本における自動車交通の外部費用の概算」『運輸政策研究』第四巻第二号、二〇〇一年、一九ページ。PM(粒子状物質)による公衆の死者数は交通事故のそれを上回り、年間三万六九〇〇人にのぼるという推定が示されている。
(10) 基本的には、毎日の天気予報で見る雲や降水の予測図(動画)の計算と似た原理である。これを全地球表面にわたって網の目に区切り、大気と海洋の相互の干渉なども、現時点で計算可能なかぎりの要素を含めて、将来一〇〇年程度までの長期予測計算を行う。計算量が膨大なため、専用のスーパーコンピュータを必要とする。

(11)「炭素トン」基準で表示されることが多い。「CO_2トン」を「炭素トン」に換算するには、〇・二七三をかける。

(12) Newsletter 6, European Commission, March, 1998.

(13) 日本音響学会道路交通騒音調査研究委員会「道路交通騒音の予測モデル〝ASJ Model 一九九八〟」『日本音響学会誌』第五五巻第四号、一九九九年、二八一ページ。

(14) 荘美知子「道路交通騒音問題の経済的評価」『環境技術』一九九八年一〇月号、二五ページ。

(15) dB（デシベル）は、通常の人間の聴覚で聞こえる最低限の音のエネルギーを基準として、それに対する倍率として音のエネルギーの強さを表示する値である。Aの意味は、騒音にはさまざまな周波数（音の高さ）が混じっているが、人間の聴覚が周波数によって感度が異なるため、人間の聴覚に合わせて音のエネルギーの分布を補正して計測した値である。さらに、騒音は時間とともに刻々と変化するため、一定の基準で時間的にならした値がＬｅｑである。

(16) 松井孝典・青野正二・桑野園子「騒音の経済評価―心理実験的手法による騒音に対するＷＴＰ構造の検証―」『環境科学会誌』第一八巻第五号、二〇〇五年、四八一ページ。

(17) 汐見文隆『道路公害と低周波音』晩聲社、一九九八年。

(18) 三上市蔵・窪田諭・奥裕子「一般道路の供用段階における環境負荷の算定と統合評価に関する研究」『第三一回環境システム研究論文発表会講演集』二〇〇三年一〇月、一〇一ページ。

(19) 上岡直見『自動車にいくらかかっているか』コモンズ、二〇〇二年。

(20) 東京高等裁判所平成一七年（行コ）一八七号事件、被控訴人（事業者側）準備書面（6）。

(21) 費用便益分析の対象区間に対応する実績事業費が集計・公開されていないために、対応する本線部分については、東京都・国庫負担分の情報公開請求を行ったうえ、道路会社(旧公団)の負担割合から総事業費を推定したものである。

(22) 二〇〇七年六月一五日、東京地裁八王子支部、平成一二年(ワ)第二七六七号事件判決。

第6章

市民のための道路計画

1 「造る時代」から「使う時代」へ

状況の変化と発想の転換

従来はとかく「公共事業」を推進する一方と思われていた行政からも、非公式の情報チャンネルを通じて、本音ではもう際限のない道路整備はやめたいという意向が伝わってくる。たとえば埼玉県は、計画決定から長期間が経過しながら実際に整備されていない八〇路線のうち、四四路線の都市計画道路について、計画を廃止する方針を定めた。[1] 栃木県でも、都市計画決定から三〇年以上経過しながら実際に整備されていない都市計画道路を見直すための基本指針案をまとめた。[2] 長野県松本市では、長年の懸案となっていた道路計画について、市民の意向を集約したうえで中止し、別の方法で市民の便益を向上させる方策を選択した。[3]

こうした動きの背景には、従来のように右肩上がりの高度経済成長が望めず、生産年齢人口の減少、社会保障の負担増大などの影響もあって、財源の制約が強まっている状況がある。また、関係者の合意が得られず着工できない道路計画をいつまでも踏襲するより、新たな展開を見出したほうが、総合的に社会的損失が少ないという判断もなされるようになったのであろう。

一方で、第1章でも述べたように、いまでも「道路は必要だ」と考える人びとが多い理由は、何かに困っていたり、不便・不安を解消したいからであって、それに応える対策を検討する必要がある。そのキーワードは「造る」から「使う」への発想の転換であろう。需要に追随してインフラを供給する考え方から、既存の社会インフラを効率的に使う考え方に転換しなければならない。それは「経費を節約する」という意味にとどまらず、暮らしの質を維持しつつ、可能なかぎり公平に社会的な資源を有効に使うという意義も有する。

路上駐車と道路の効率的な利用

道路の効率的な利用に関して、もっとも身近かつ即応的な対策は、都市部では路上駐車の管理であろう。二〇〇六年六月一日から、民間委託の駐車監視員の導入など新しい制度を含む、路上駐車取り締まりの強化が実施された。荷物の配送や訪問福祉サービスなど路上駐車が不可避な業務もあるため、単に取り締まりの強化だけに問題を押しつけてよいのかという疑問はあるが、路上駐車による道路交通への影響は、以前から交通計画上の大きな問題として指摘されてきた。

分析によると、東京都区部全体の路上駐車台数は、午前一一時から一一時三〇分がピークで、一一万二〇〇〇台であるという。とくに、交差点付近での路上駐車は道路交通の流れを阻害する影響が大きく、交通事故の原因にもなる。おもな一般道路上の路上駐車が完全に排除された場合、東京都区部全体の混雑時の平均旅行速度は、時速にして二・五km向上する（現状は時速一六・六km）と試算されている[4]。

これまでも、国や自治体は路上駐車を放置してきたわけではない。たとえば東京都では、二〇〇一年から〇三年にかけて、主要幹線道路四路線（明治通り・靖国通り・春日通り・山手通り）と繁華街三地区（新宿・渋谷・池袋）で、「スムーズ東京21作戦」を実施した。靖国通りでは路上駐車台数が約三分の一に減少し、走行速度は時速一二kmから一五・五kmに向上し、おおむね前述の試算を裏づける結果となっている。[5] この改善は、第4章に示した首都圏の三環状道路の整備による全体的な旅行速度の向上効果が時速一・一km程度にすぎないというシミュレーションの結果と比べると、はるかに現実的な交通対策であると評価できる。

「駐車場がないから路上に停めざるをえない」と主張する人びともいるが、日本自動車工業会の調査によると、自動車ユーザーが車を止めて目的地まで歩く距離は、業務ドライバーで一〇〇m以内、一般ドライバーで五〇m以内だという。[6] 五〇mというと、電車二両分の長さにすぎない。荷物を伴った移動が多い業務ドライバーが歩くのを敬遠するのは理解できるが、逆に一般ドライバーが業務ドライバーの半分しか歩かないという事実は驚きである。

駐車場がないといっても、路上駐車の台数に対して駐車場全体の合計容量は数字のうえでは足りており、問題は時間的・位置的な分布である。専用駐車場・月ぎめ駐車場など地域のスペースをきめ細かく有効活用することによって、現状でも路上駐車を収容するだけのスペースが生み出せるという試算もある。[7] 別のアンケートによると、目的地に隣接した駐車スペースの配置、駐車場情報の提供、駐車料金の課金時間刻みの細分化などの対策があれば、駐車ドライバーの八割近

車線をふさぐ路上駐車（川崎市内、筆者撮影）

くが路上駐車をやめてもよいと回答している。[8]

路上駐車の適切な管理による渋滞の緩和は、地球温暖化の原因となるCO_2の削減にもつながる。警察庁の試算によると、東京二三区と一四政令指定都市の主要幹線道路約二二〇〇kmを対象に、二〇〇六年六月からの路上駐車取り締まり強化の結果として、交通円滑化による経済損失の防止を試算したところ、年間約一八一〇億円、CO_2節減効果は約一五万二〇〇〇トンと推定されるという。[9]一方、対策に要する費用は「スムーズ東京21作戦」を実施したときの予算から推定すると、一つの交差点あたり約一億円と算出されており、道路を拡張するよりも、低コストで同じ交通の円滑化効果が得られる方策である。[10]

上の写真は都市部でよくみられる路上駐車であり、この事例では一車線がほとんどふさがれている。二〇〇ページの写真は東京二三区内にあるガソリンスタンドで、歩道や路側帯を作業に使っている。

歩道や路側帯を作業に使うガソリンスタンド（千代田区内、筆者撮影）

第2章でも示したように、自動車メーカーや石油業界は、自動車関係の諸税が高いと主張し、暫定税率の引き下げさえ主張している。しかし、この写真のような自動車の使い方こそが、都市内での道路混雑を引き起こしたり、歩行者の安全・快適な通行を妨げているのであって、その改善を道路整備に求めるのは誤りである。

ある研究によれば、路上駐車が現在の平均値程度に存在する場合、平均で八～一六%、交差点付近では最大三三%の道路容量を阻害していると推定されている。[11] この影響を、東京都内の主要な道路にあてはめて考えてみると、三〇〇～八〇〇kmの長さに相当する幹線道路をつぶしているのと同等の影響がある。[12] 首都圏でこれだけの道路容量を新たに生み出そうとすれば、おそらく国内の道路財源すべてを投入しても足りないほどの費用がかかるであろう。「渋滞緩和のために道路を整備する」

という考え方では永久に混雑の緩和は期待できず、「造る」から「使う」への転換をめざす以外に、現実的な対策は存在しない。

交通量の時間的な分散と道路空間の再配分

限られた道路容量を有効に使うために、より積極的な「道路予約」という方式も提唱されている。[13] 渋滞という現象は、道路上にいくつか存在するネックの部分を交通容量を超えた交通量が通過しようとするときに発生する。このため、逆に交通量のほうを時間的に分散すれば、一日を合計した交通量が同じであっても、渋滞を起こさずにすむという考え方である。

シミュレーションによると、いつも朝六時から一〇時ごろまで一〇km前後の渋滞が生じている首都高速の葛西ジャンクションで、この間の交通量の一三%を平均で前後に一六分ずらすだけで、渋滞がまったく解消されるという結果が得られている。[14] 同様に、スキー場から都会へ帰宅するスキー客の車でいつも同じ場所・同じ時期に大渋滞が起っているケースでも、スキー場を出発する時刻を各自で少しずつずらしてもらうだけで、渋滞が解消する。このように、道路を「造る」だけでなく、「使う」方法を考えることが重要である。

自動車を運転していて、電光掲示板の渋滞情報があてにならず、不愉快な思いをした人も多いであろう。最近では、道路の混雑状況を電子的に自動車に電送するシステムが使われるようになったが、その基本的なデータは意外に粗く、充分に集積されていない。実際に路上を走行する自動

図6―1　車線変更だけで渋滞を解消した例

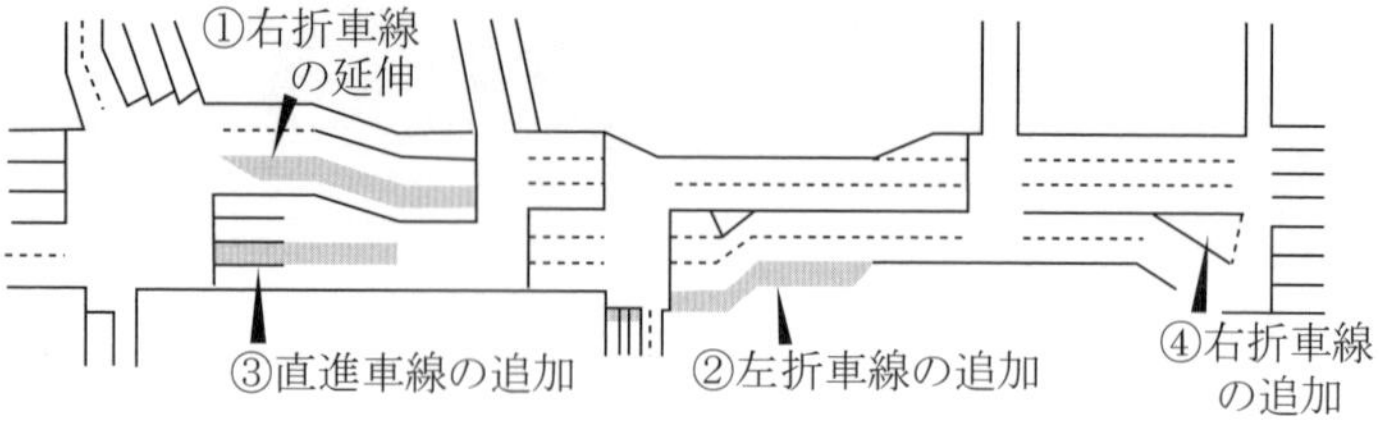

（出典）道路経済研究所「行政経営の時代」『道経研シリーズ C-100』2005年4月、1ページ。

車にセンサーを搭載して、本格的にデータが採られるようになったのは最近であり、データの収集箇所もまだ主要な国道などに限られている。インフラを「造る」時代から「使う」時代に考え方を変えるには、まず基本的なデータの整備・集積が不可欠となる。

こうしたデータをもとに、地方都市で常に渋滞していた交差点を改良する際に、車線の局部的な変更によって右折・左折を整理しただけで、画期的に改善効果が得られた例もある。図6―1にあるような四車線区間(岡山市内)において行われた、渋滞を解消する試みである。

この区間は、渋滞がなければ計算上五分で通過できるが、現実はその四倍の二〇分かかっていたという。検討の結果、右折・左折の整理で渋滞の解消になると推定された。そこで車線を追加する工事を実施したところ、遅れ時間を七割程度削減できたのである。この対策には用地買収も必要なく、工費費は一〇億円であったのに対して、時間短縮の経済価値は年間二七億円に相当した。

また、警視庁交通管制課によると、東京都内の一般道二三〇〇kmを対象に渋滞長(一時間あたりの渋滞の長さの合計)を調査したところ、二〇〇一年には二九六kmあった長さが、〇六年には二〇八kmとなり、約三〇％減少したという[15]。この間、都内の自動車交通量は約六％減少しており、これも渋滞長の減少に影響しているが、三〇％の減少率はそれよりずっと大きい。その要因は、道路の拡幅や交差点の改良、信号の待ち時間調節などの対策のほか、〇六年六月からの駐車違反の規制強化によって放置車両が減ったためとみられる。

図6―2　リバーシブルレーン

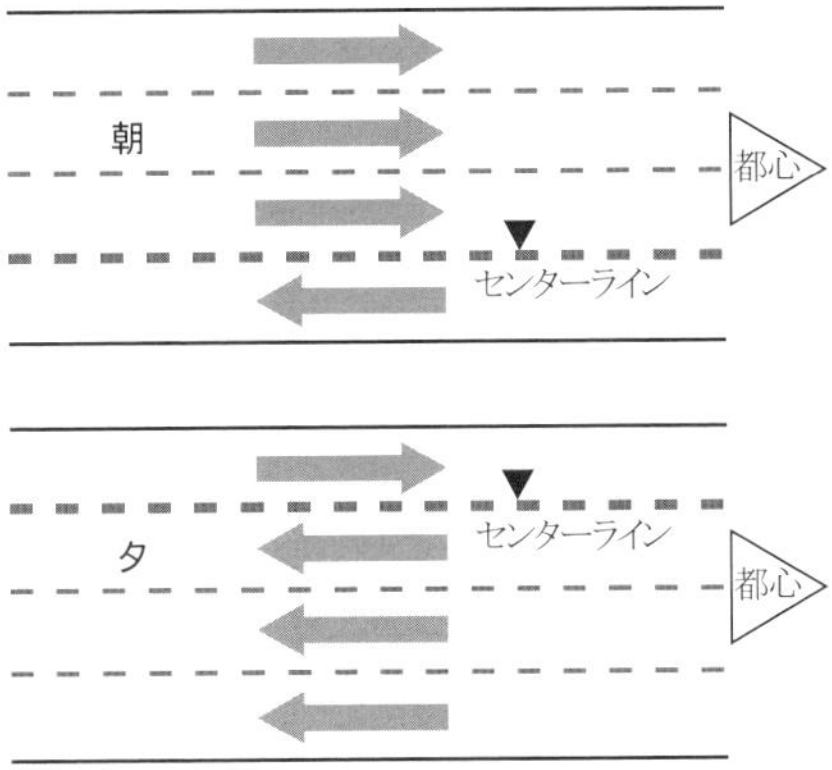

（出典）筆者作成。

「リバーシブルレーン」による車線の活用

通常の道路は、上り・下りの車線数が同じ対称型に造られている。しかし、都市周辺の幹線道路では、朝のラッシュ時には、都心方向へ向かう車線（上り）が混雑するのに対して、逆方向の車線（下り）は空《す》いているケースが大半である。夕方のラッシュ時には、その逆になる。

この場合、たとえば図6―2のように、時間帯によってセンターラインを移動し、四車線のうち交通量の多い方向に三車線を使用する方式が導入されている区間もある。これは「リバーシブルレーン」と呼ばれる。

リバーシブルレーンによって、四車線の道路が実質的に六車線に近い能力を有することになる。導入地域はまだ少なく、全国で一二区間程度(二〇〇五年の「道路交通センサス」より)にとどまっているために、あまり広く知られていないが、全国に同様の状況で実施可能な地域は数多くあるだろう。道路を拡幅するよりも、使い方の工夫によって交通容量を増加させる対策を優先して検討すべきである。なお、例示した四車線を割り振るタイプのほかに、三車線、五車線を割り振るタイプもある。

2 道路紛争と情報ギャップ

いまなお続く道路紛争の共通点

第1章で紹介したように、二〇〇二年には社会資本整備審議会で「日本の道路整備は、すでに一定の量的ストックは形成された」という見解が示された。また、道路公団の民営化をめぐる論争(〇三〜〇四年)や道路特定財源の一般財源化の閣議決定(〇六年)のように、道路整備を取り巻く全体的な状況は少しずつ変わりつつある。しかしながら、いまなお道路をめぐる紛争・対立は各地で後を絶たない。

水面下で計画されていた事業がいきなり市民に提示され、問題があっても止めるに止められない事例も多く、訴訟に至る事例もある。紛争・訴訟が生じている道路計画には、それぞれ個別の事情とともに、次のような共通点があるように思われる。

①時間の経過とともに社会・経済情勢が変化し、計画の目的や位置づけが変わってきているにもかかわらず、同じ道路計画が継続され、計画の見直しが行われない。一方で、凍結されていた計画が急に再登場したり、仕様や構造が突然変更される。

②事業そのものの必要性や規模・構造などについて、客観的な根拠に基づく説明がなされていない。

③計画の策定プロセスや事業実施のための手続きプロセスについて、法的には違法ではないものの、市民に知らされない、あるいは市民が関与できない形で、事業が決定されている。

④市民にもっとも近い立場であるはずの自治体は、それぞれの上位機関（都道府県は国、市区町村は都道府県）から「下りてきた計画」をそのまま実施する機能と権限しか与えられていないために、独自の問題への対応が困難である。選挙の際に、いわゆる「市民派」として当選し、非効率な公共事業を見直す公約を掲げた自治体の長でも、広域の道路計画は止められないという問題をかかえるケースが多い。

⑤計画期間が長期にわたるため、事業者側の担当者はもとより、自治体の長も何世代も交代して、誰が計画に責任を有しているのかわからないまま、手続きだけが一人歩きしている。また、抵抗の大きい決断（たとえば事業の中止）には誰も手を着けず、先送りしてきた。

⑥沿線の市民生活の質に直接かかわる計算の前提となる、交通量などの基本的な数量について、推計の前提、推計方法、基本的なデータが公開されない（第3章参照）。このため、「効果」の説明についても科学性・客観性に乏しく、「期待」の説明にとどまっている。
⑦単一の計画が示されるのみで、道路整備に変わりうる代替案について、総合的な比較検討が行われていない。

情報の途絶

紛争が生じる大きな原因に、「情報の格差」がある。ここでいう情報とは、単に書類やデータを意味するだけではなく、直接・間接に道路にかかわる利害関係者（人）のコミュニケーションではないだろうか。まず、それぞれの「人」を次の六主体に整理してみる。

①沿道の市民（環境面、経済面など直接の影響を受ける）
②地域の市民（直接の影響はほとんど受けないが、何らかの影響を受ける）
③一般の道路利用者（地域と関係なく道路を利用（通過）する）
④道路事業者（国・自治体・道路会社など）
⑤専門家・実務家（研究者、コンサルタント、技術者）
⑥議員（計画の承認過程にかかわる）

こうした主体がそれぞれどのような関係にあるかを図6−3に整理した。もとより、地域や事例

図6—3　道路問題の当事者の関係図

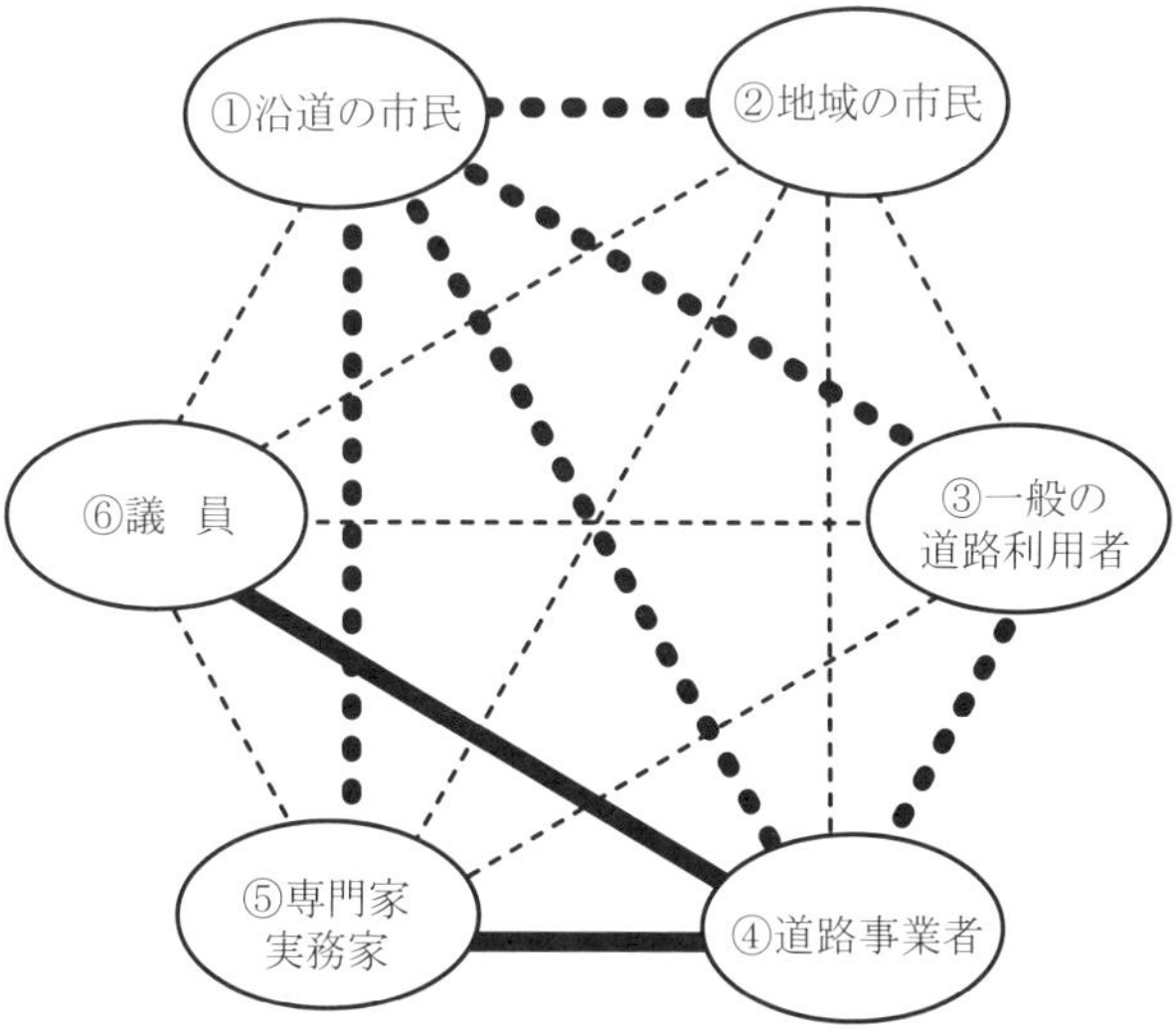

（注）━━ 強い結びつき、影響力関係、●●● 対立的関係、相互不信関係、-------- 無関心、コミュニケーション希薄。
（出典）筆者作成。

によりばらつきがあるが、一般的な状況を示せばこのようになる。太い実線は、相互に強い結びつきがあり、同時に強い影響力を有している関係である。太い点線は、その逆に対立的関係・相互不信関係にある。細い破線は、相互に無関心で、コミュニケーションののない関係である。

現在の道路事業は、図に示した強い結びつきと影響力のある関係によって決定されている。たとえば第1章で述べたように、道路に巨額の費用が投じられながら、どこにどのように財源が配分されているのか第三者に対して明確な根拠を示せないのは、④（道路事業者）—⑥（議員）の関係が原因である。すべての議員が道路事業者と密接な関係を有しているわけではないとしても、多分に政治的な関係によって道路計画が決まっている。

また、④（道路事業者）―⑤（専門家・実務家）の関係では、専門家が中立的な立場から見解を述べることが求められる。ところが、実証的な研究のために必要なデータの入手や、ときには研究室の大学院生・学部生の就職面で、事業者や建設業界と密接な関係を維持する必要があるから、現実には中立的な立場を保てない。さらに、実務家と、実務家が所属するいわゆるコンサル会社は、事業者から設計・計算などを有償業務として受託する関係であるために、事業者側に対して中立性を有することはもともと不可能であろう。

この④―⑤、④―⑥を除くと、その他の関係にはほとんど協力的な要素がなく、対立・相互不信か無関心である。当然、そうした状態では、情報の交流や意志疎通が途絶する。このため最近、パブリックインボルブメント（ＰＩ）として①（沿道の市民）―④（道路事業者）の交流を促そうという試みが行われるようになっている。外環道（第4章参照）の事業では、広域道路事業としては日本初の本格的なＰＩとされる試みが行われた。[16]

二〇〇一年九月に「第一回ＰＩ準備会」が開かれた後、〇二年六月に「第一回ＰＩ外環沿線協議会」が開催された。正規の協議会だけでも月一回以上のペースで、〇四年一〇月まで四二回が開かれた。そのほか運営や情報のやり取りをめぐる懇談会なども含め、関係者は多大な労力を費やしたが、この過程で、従来の道路事業では事業者側から提示されたことのない多くの重要な情報が提示されるという成果もあった。全体の記録・資料は、国土交通省関東地方整備局ホームページで閲覧できる。[17]

これに対して、いまだにきわめて低いレベルのコミュニケーションにとどまっている事例もある。横浜環状道路北西線[18]の事例では、「PI」と称していながら、旧来の説明会や、事業者側からの一方的な広報とアンケートを実施したのみで、むしろ沿線住民の不信を拡大させている。こうした内容でさえ「PI」と称している理由は、事業の構想段階で、事業者からの広報活動を行い、形式的に市民の意見を聞くアンケートを実施したためであろう。逆にいうなら、従来はこの程度のコミュニケーションすら行われていなかった実態を露呈している。

一連の横浜環状道路の事業では、第4章6（一六〇ページ）に示したように、現地の実態に即した精緻なシミュレーションを行うと、大気汚染が環境基準を上回る可能性が指摘されている。このような状況は他の地域にもみられるが、そもそも違法状態が予測される事業に対して「合意形成」がありうるのだろうか。実際には「PIを実施しようにもできない」という事情ではないかとも推定される。

そのほか好ましくない相互関係として、①(沿道の市民)─②(地域の市民)の間では、「一部の利害関係者が反対しているだけ」という誤解・偏見による理解の不足、①(沿道の市民)─③(一般の道路利用者)の間では、同じく「一部の利害関係者がいつまでも反対しているので、渋滞が解消されず迷惑している」という誤解がみられる。これらの相互の情報の途絶をいかに埋めていくかが、真に市民の利益になる道路計画に近づくポイントであろう。

専門家・実務家の役割

ここでは図6—3(二〇七ページ)の⑤(専門家・実務家)の役割を考えてみよう。これらの人びとには、「専門知識のない素人が参加しても、内容面の議論ができず、かきまわされるだけだ」と警戒する意識が強い。しかし、いまや市民側の情報レベルは向上している。たとえば、工学的な専門知識や計算が必要な場合であっても、市民グループとして若手研究者や大学院生のボランティアの協力を求めるなどの体制づくりも可能である。事業者側でも、むしろ積極的に市民の参加を受け入れるべきであろう。

一方、道路公害に悩む住民や、これから道路が建設されて生活に直接の影響を受ける建設予定地の住民は、専門家・実務家に対して常に不信を抱いてきた。たとえば、次のように評価している。[19]

「市民側に立った専門家はほとんどいないに等しく、データも、解析に必要な基礎的かつ重要なものは公開されないのが常で、現実的には[検討が]難しい」

「土木業界は産・官・学ががっちりと結びついているピラミッド型の世界のようだ。土木(その中での交通)の専門家(大学・民間含めて)に市民サイドのスタンスを取る人はほとんどいないから、建設反対を説明するデータなどないというのが現状」

筆者の経験では、すべての専門家がそうではないものの、少なくとも市民から一般的にそのように認識されていることは留意しておく必要がある。

専門家がどのような姿勢で問題に臨むべきかについて、清野聡子氏・宇多高明氏は自らも公共事業の決定過程にかかわってきた経験から、専門家の立場のむずかしさとして次のように指摘し、図6—3に示したような①(沿道の市民)—⑤(専門家・実務家)の不信関係が生じる理由の一端を説明している。[20]

「企共事業の決定過経では、審議会や専門委員会などの専門家や、学識経験者による審議過程を経ることがほとんどである。この過程が『御用学者』による『お墨付き』としばしば批判される。筆者らは、全国各地における合意形成事業に専門家として係わってきたが、事業の性質、進捗状況、立場によって達成される成果が大きく異なる。この場合、研究テーマとの関係、地域との接点がどこから生まれたかなどが重要な点となる。事業に関る専門家の選定は行政に任されており、選定過程や理由は公的に明らかにされることはない」

市民の側の専門家とのかかわり

一方で市民側のレベルアップも必要である。市民と専門家のすれ違いの典型例として「専門家が重要な事実を故意に黙っていた」などの応酬に発展することがある。しかし、それらの多くは、故意に隠していたというよりも「常識のギャップ」が原因であることも少なくない。

専門家には、素人にもわかりやすく説明する能力が求められる。とはいえ、そもそも何から説明すべきかについて双方が食い違っていると、いかに良心的な専門家でも適切な説明ができない。

ていねいに説明しようとすると、一つの用語を説明するだけで会合の時間が終わってしまうかもしれない。

こうした問題を軽減するためには、中立的・良心的な仲介役（インタープリター）が必要である。道路の問題ではないが、ある自治体のごみ焼却炉の選定に際して、工学知識をもった市民コンサルタントの参加により、地域のごみ特性に合った最適な選定ができた事例が報告されている。[21] 生活感覚と技術的知識をバランスさせた視点から、選定の基準について提案したことが功を奏した。一方で、経験豊富なメーカーの実務技術者も協力し、費用にして数億円の節減効果をあげたという。

このような協働体制が機能する要件として、市民側の参加者にも技術的な素養が必要なこと、現場の技術者の声にも耳を傾けること、などが指摘されている。技術に関する基礎知識がないままに「行政不信」を表明するだけでは、実のある結果が得られないからである。

一方、「説明責任」には行政のシステム上の問題がある。二〇五ページでも述べたように、とくに広域にわたる道路事業では、自治体は上位の行政機構から割り当てられた計画に従うしかなく、かつ長年にわたって継続している事業を引き継いでいる。このため実際の担当者は「自分で決めたことでもないのに、説明責任を問われても対応できない」という意識があるように思われる。ときには、自分に権限のない変更や情報開示を住民から求められることによって、「なぜ自分が悪者扱いされるのか」という被害者意識さえ抱くようになる。これが、いっそう強圧的な行政手段を正当化しようとする姿勢を招くことにもつながる。

一方、行政担当者の知識・能力の不足も指摘される。たとえば、市民が東京都の自動車交通の実態をまとめた報告書の閲覧を求めたところ、「個人のプライバシーにかかわる」として拒否されたケースがある。しかし後日、開示された報告書をみると、個人情報などまったく無関係の内容であった[22]。担当者が情報の中身を知らないために、個人情報の保護とか、行政にとって不都合なデータがあるなどの理由の有無にかかわらず、「念のため隠しておく」という姿勢に陥るのである。

協議会・専門委員会の設置

現状では、図6―3（二〇七ページ）に示すような関係者が、それぞれ率直・対等に話し合う機会が設けられていないし、法的にも設ける規定がない。しかしながら、社会情勢は変わっている。本書冒頭に述べたように、これからは本当になくてはならない行政サービスを守る一方で、何かを「やめる」選択も迫られる。こうした合意の形成に際して、たとえ法的に正式な位置づけがなくても、協議会を設ける意義は大きい。単に既存の計画をそのまま踏襲するだけでは、事業者側すなわち国や自治体にとっても、いたずらに時間と費用を空費するだけで、総合的に決して得にならないからである。

こうした活動の一例として、名古屋市において一九七三年に都市内高速道路の計画に際して設置された「都市高速道路専門委員会」が、角橋哲也氏（都市計画コンサルタント）の著書に紹介されている。[6] この委員会は、地方自治法第一七四条(「普通地方公共団体は、常設又は臨時の専門委員を置くことができる」)を根拠として設置され、環境問題を重視した計画の見直しを中心に各種の提言を行った。

こうした委員会は、都市計画の手続きと法的には関係がないため、変更を命ずる法的な権限はもたないものの、その専門性・信頼性によって、事業者側における自発的な変更を促すことに一定の役割を果たす。自治体議員の協力を得てこうした協議会や委員会を設けることも、一つの方策であろう。

3 道路計画に関する市民のチェックリスト

的確な情報の入手

現行の道路事業には、計画段階での市民参加の手続きが存在しないので、さまざまな非公式チャンネルも活用して、事業の計画をできるだけ市民が早期に知る必要がある。そのうえで、市民の観点から道路計画の妥当性を評価するにあたっては、どのような点に注目すべきであろうか。

住宅の立ち退きを必要としたり、市民生活に重大な変化をもたらす懸念があるなどの理由で、各地で紛争となっている道路は、多くが都市計画道路である。そこで、都市計画道路がどのような手続きで決定されるか、その際にどのような問題があるかについて、手続きの段階ごとに知る必要がある。この分野についても、角橋氏の著書が参考になる。一九九四年の刊行だから、最近の状況について若干の読み替えを行いつつ参照する必要があるが、とくに七〇～八六ページが重要であろう。

また、都市計画決定の過程では環境アセスメントが重要なステップである。道路の環境アセスメントでは、事業者側が想定した交通量の予測が過少ではないか(大気汚染・騒音の予測について)、大型車混入率が過少ではないか(同)、実際の自動車がみな速度超過で走っているのにアセスメントでは法定速度で計算している(騒音について)、などが各地の事例に共通して指摘される。こうした点についても、角橋氏の著書が参考になる。加えて、環境アセスメントについては環境省が運営する「環境影響評価情報支援ネットワーク[7]」「環境アセスメント学会[8]」の各ホームページも参考になる。

道路計画に関する市民のチェックリスト

最近、道路に関する紛争で問題となっているのは、都市計画の決定過程や、環境アセスメントよりもさらに上流のプロセス、すなわち交通需要推計や交通量配分の問題である。

第4章で紹介した圏央道のあきる野市での土地収用に関する東京地裁判決(二〇〇四年四月)では、道路整備の効果として示される渋滞緩和効果の妥当性や誘発交通が論点となった。伊東市の事例

市民のチェックリスト

備　　考
社会・経済情勢の変化によって、計画道路の位置づけや目的が、変化したり失われているのではないか。
情報公開請求の制度を利用する。
内容が多岐にわたるので、分野ごとに担当者を決めて活動する。
ほとんど出席しない委員、出席しても専門的な知見から発言できない委員がいないかチェックし、指摘する。 委員が道路整備によって利益を受ける側だけで構成されていないか。
市民が容易に情報にアクセスできるようなシステムにするように求める。
その都市の総合計画、都市計画に関する資料をチェックする。
情報公開請求の制度を利用し、交通需要推計のモデル、データ、計算図書などを入手する。
情報公開請求の制度を利用する。
情報公開請求の制度を利用する。
分割配分法と均衡配分法(第3章参照)のいずれが採用されているか。双方の計算法による差異が検討されているか。
事業者にリンクデータの内訳の提出を求める。それによっては代替手段の提案にも役立つ。
現状の「マニュアル」は、走行時間・走行経費・交通事故の3項目のみ。これに地球温暖化、大気汚染、騒音、景観、自然資産など多岐にわたる要素(第5章参照)を加えるとどのように評価が変わるかをチェックする。
時間価値の設定によって、一般道から高速道路への転換をはじめ、交通量の配分が大きく変わる。実態を反映したものであるかどうかチェックする。

表 6―1　道路計画に関する

分　野	項　　　目
計画の経緯	その道路が、上位計画(たとえば首都圏なら「全国総合開発計画」「都市再生本部決定」「首都圏整備計画」など)にどのように位置づけられてきたのか調べる。
	どのような経緯・手続きで計画が検討され、あるいは決められてきたのか、経緯や現状を調べる。
	現在、検討や計画決定に関する委員会や審議会が開催されている場合、可能なかぎり傍聴したり資料を収集する。
	委員会や審議会の委員が交通計画に専門的な知見をもっているかどうか調べる。
	市民に対する説明、意見の反映、合意形成の手法、実施計画について確認する。
都市計画のイメージ	コンパクトシティ まちづくり三法改正
全体計画のモデル	その道路事業に伴う土地利用の変化や、産業・事業所の立地、誘発交通などを反映できるモデルになっているかどうかチェックする。
	将来の人口フレーム、経済フレームの変動の可能性を反映した推計がなされているか検討する。
将来の交通需要予測	予測手法(モデル)、前提条件を調べる。これらが現実的であるか、人口フレームや経済フレームが最近の状況(少子化など)を反映したものに更新されているか、現在の上位計画と整合性があるかなどをチェックする。
経路配分	経路配分計算の手法について確認する。
	単に交通量と走行速度の予測だけでなく、どこからどこへ行く利用者が、どれだけその道路を通ると予測しているのか、対象道路の整備によってそれがどのように変化すると予測しているのか、リンクデータの内訳(第４章参照)を検討する。
費用便益分析	どのような評価項目が採用されているのか検討する。評価項目を変えた場合、結果にどのように影響するか検討する。 事業者側はたいてい「『マニュアル』に準拠している」と説明するが、「マニュアル」以外の項目を計上してはならないと制限されているわけではない。地域の実情に応じて評価項目を加えることこそが政策である。
	どのような時間価値(時間あたりの金額相当値)が採用されているのか、それが適切であるか検討する。

備　　考
とくに大都市圏では、ピーク交通量の分散や公共交通の活用など多様な代替案を検討すべきである。事業者側から提示されなければ、市民側から提起する。
緑化や治水などが「道路整備」に絡めて提起されることがあるが、道路とセットにしなければできない施策なのかを確認する。
情報公開請求の制度を利用する。
情報公開請求の制度を利用する。
情報公開請求の制度を利用する。
国はもとより、地方債の負担による自治体の後年度の債務負担をチェックし、その自治体にとって健全財政の範囲内であるかどうか検討する。
交通需要予測には安い料金を適用し、財務計画には高い料金を適用するなど、整合性のない数字を使用して計算していないかチェックする。
環境アセスメント条例を定めている自治体では、条例をチェックする。
シミュレーションモデルや計算の前提によって推計結果は大きく異なる。採用されているモデルが、気象や地形(窪地であるなど)など地域の実態を適切に反映できる方式であるかをチェックする(第3章参照)。
騒音は、とくに夜間に深刻な問題(睡眠妨害)となる。また、大気汚染は冬期に深刻化しやすい。
本線道路だけでなく、インターチェンジ・ランプや、一般道からそれに昇る取り付き道路や周辺の施設が、予想外の広い空間を占有する。それらにも注意して構造物のイメージを検討する。

分　野	項　　目
代替手段 代替ケース	代替手段、代替ケースを比較しているかチェックする。
	「道路整備の効果」として提示される項目の精査を行う。
事業費 財務計画	財務計画(国庫補助、起債、借入金、有料道路事業の場合の料金収入、自治体の一般財源)を確認する。
	規模や構造が類似した過去の事例で、事業費の実績を調べてみる。発表されている計画の事業費に対して大きく異なっていないか比較する。
	用地費・工事費が地域の実態を反映した適切な数字であるか(過大・過小いずれもありうる)検討する。
	借入金・起債を伴う場合、その償還計画が現実的であるか、予定年数で償還できるかどうか確認する。
	有料道路事業の料金設定について、財務計画と交通需要予測や経路配分に用いられている数字に整合性があるか検討する。
環境アセスメント	その事業に適用される環境アセスメントの項目を確認する。
	具体的に、大気汚染・騒音・振動などの影響を予測する手法(計算式・シミュレーションモデル)、前提条件を調べる。これらが地域の実情を反映し、交通量の計画と整合性があるか(注(22)が参考になる)。
設備完成イメージ	規模、構造、交通量などが類似した既存の道路や構造物を見学し、沿道の状況を体験する。できれば平日・休日別、昼・夜別、季節別など。
	計画地の写真や地図に、計画されている道路その他の構造物を書き込んでイメージを検討してみる（最近は「オープンハウス」などとして事業者側が模型などを展示することもある）。
市民感覚 一般道路利用者の感覚	自分がもし自動車利用者(自家用車、トラック運転手、バス乗務員、商店主、セールス担当者など)だったら、その道路をどのように使うか、あるいは使わないか、さまざまな立場の人を想定して考えてみる。自動車の運転ができない交通弱者に対する影響(プラス・マイナス)も想定してみる。
	自分がもし沿道の住民だったら、どのような影響を受けるか想定して考えてみる。
	事業費を計算し、1 m(1 km)あたりどのくらいの事業費がかかっているか計算してみる。
まちづくり 総合政策	単に「道路反対」にとどまらず、どのようなまちづくり、交通のあり方、さらには暮らし方が望ましいのか、考えてみる。

（第3章1）でも、計画決定の根拠となった交通需要予測の妥当性（過大な予測に基づき必要のない拡幅が決定された）が論点となっている。すなわち、道路計画の手続きが適法であったとしても、その根拠となる数字が合理的でなければ、計画の適法性は失われるという考え方である。これらの観点も含んだ「道路に関する市民のチェックリスト」（表6―1）を次に紹介する。

なお、表の最後の「まちづくり・総合政策」について補足する。道路をはじめとする公共事業に関する意見や利害の対立に関して、「反対するだけでなく、代案を示すべきだ」という指摘がなされることがある。しかし、代案を提示・検討するのは、そもそも事業者や専門家の責務であって、公共事業により、自らの意志に反してマイナスの影響を被る住民に対して、代案を提示せよと指摘するのは、不当な負担を求めるものではないだろうか。

その一方で、公共事業が直接・間接に多くの国民の利害にかかわる以上、事業者と沿線住民という二極の対立だけでなく、多くの人びと・広いテーマを対象として関心を呼び起こし、できるだけ多くの人がともに考える場を提供する活動も重要である。この点から、「あおぞら財団」（大阪市）や、川崎公害裁判関係者（川崎市）の活動が注目される。

前者は、企業と道路による公害を対象として、一九七八年から段階的に提訴された大阪西淀川大気汚染裁判が、九五年に和解に達した機会に、その和解金の一部を基金として設立された。単に物理的な意味での「環境」の保全にとどまらず、公害によって損なわれたコミュニティ機能の回復と、市民・行政・企業などさまざまな主体の間での協働関係（パートナーシップ）の構築をめざして活動している。研究や活動の対象は、大気汚染や騒音にとどまらず、地球温暖化にも及ぶ。後者も同様に、企業と道路による公害を対象として、一九八二年から段階的に提訴された川崎公害裁判が、九六年に企業部門で、さらに九九年に道路部門で和解に達したのち、被害者の救済は当然ながら、加えて公害の根絶、環境再生とまちづくりをテーマとして活動している。

こうした貴重な経験を活かして、人命や健康が失われる前に、未然に被害を防ぐ活動がなされなければならない。まちづくりから暮らし方にまで議論を広げ、多くの人びとの関心を呼び起こす活動も模索されるべきであろう。

自主事業による生活道路の確保

おわりに、通常の公共事業とはまったく異なった発想によって道路事業を行った事例を紹介する。積雪地帯の小さな自治体では、道路は生命線である。昔の山村の暮らしは自給自足であったが、いまでは都会ほどではなくても食品を商店で購入し、灯油・LPGなどのエネルギーや生活必需品を自動車で配送して暮らしている。だからこそ、自治体の自主事業で住民の生活道路を確保する試みは重要である。長野県栄村の高橋彦芳村長の手記(9)からその経緯を探ってみたい。

この手記を理解するには、道路の補助事業の仕組みを理解しておかなければならない。第2章にも示したように、市区町村道に対しても国庫補助を受けられるが、国庫補助を受けるためには、道路が「道路構造令」に規定される仕様を満たしている必要がある。仕様を満たすためには費用がかかり、国庫補助以外の部分は自治体で負担しなければならない。しかし、栄村では、村民の生活のための道路は村内で利用される自動車や除雪機に耐える仕様さえ備えていればよいという発想によって、国庫補助によらず総合的に安価な生活道路の整備を実施した。

「機械除雪をするには、幅員三・五から四メートルの舗装道路を限りなく各戸の近くまで整備しなければならない。集落内には住民のより大事な資産があって用地の調達が簡単ではない。そこで道路のルートや必要な用地の調達は住民に任せることにし、準備のできたところから建設班を送り込むことにした。建設班の賃金は全額村が持つことにしたが、用地費の三〇％、資材費の二五％は受益者負担にした。官の補助事業として設計を住民に押しつければ必ず文句をいうだろうが、協働の事業はどんどん進んでいった。

もちろん、目的外の余計なことはしない。補助事業では下層路盤を三十から六十センチくらい掘り取って砂利や砂を入れて固めるが、必要のない所は上層の整備にとどめて事業費を安くするように努めた。今まで実施した記録では一平方メートル当たり平均一万円で仕上がっている。同じ仕様ではないので比べられないが、村や住民の負担は補助事業の二分の一以下になつていることは確かである」

高橋村長は、この解説の前段で「住民が公と協働し、知恵を働かせることによって実践的住民自治が生まれる契機がある」と述べている。第1章で示したように、日本の多くの道路整備は、巨額の予算を誰がどのように配分するのか明確な基準がない。「必要なところに必要なものを造る」

という判断よりも、いかに補助金を取るかの駆け引き、そして補助金のついたところから整備するといった考え方が優先されている。こうした発想ではなく、とくに市町村道については、限られた費用で住民の便益を総合的に向上させるために、栄村の方式から多くの示唆が得られるのではないだろうか。

(1)『埼玉新聞』二〇〇七年三月一五日。
(2)『下野新聞』二〇〇七年三月二四日。
(3)松本市のホームページ http : //www.city.matsumoto.nagano.jp/aramasi/sisei/m_s_douro/index.html より報告書・関連資料がダウンロード可能。
(4)大越茂「業務交通における駐車対策の効果ポテンシャルと施策実施上の課題」『自動車交通研究二〇〇三』日本交通政策研究会、二〇〇三年、二六ページ。
(5)小竹忠「路上駐車の現状と対策」『自動車交通研究二〇〇五』日本交通政策研究会、二〇〇五年、三二ページ。
(6)前掲(5)。
(7)前掲(4)。
(8)大越茂「業務交通における駐車対策による交通流円滑化」『自動車交通研究二〇〇四』日本交通政策研究会、二〇〇四年、三〇ページ。
(9)警察庁のホームページ http : //www.npa.go.jp/koutsuu/shidou 30/20060915.pdf

(10) 前掲(5)。
(11) 道路経済研究所「総合的な交通政策・計画の分析評価手法とモデルの展開」『道経研シリーズA―一〇七』二〇〇三年、二五ページ。
(12) 道路交通センサス箇所別基本表より筆者推算。
(13) 大口敬『交通渋滞徹底解剖』交通工学研究会、二〇〇五年、一〇一ページ。
(14) 桑原雅夫(講演会記録)「交通渋滞のいろいろと需要の時間平滑効果」日交研シリーズB―八三、二〇〇一年、一〇ページ。
(15)『日本経済新聞』二〇〇七年三月一〇日。
(16) 江崎美枝子・喜多見ポンポコ会議『公共事業と市民参加―東京外郭環状道路のPIを検討する』(学芸出版社、二〇〇七年)に全体的な解説がある。
(17) 国土交通省関東地方整備局 http：//www.ktr.mlit.go.jp/gaikan/jigyo/flow.html
(18) 横浜市に関連する環状道路は、「横浜環状道路北線」「横浜環状道路北西線」「横浜環状道路西部区間」「横浜環状道路南線」がある。西部区間のみ他と異なる「区間」という名称となっているのは、計画の進捗度が低いためである。なお「南線」は「圏央道」の一部を構成する。
(19) 前掲(16)、六三ページ。
(20) 清野聡子・宇多高明「公共事業の合意形成における専門家のあり方」『環境システム研究』第三〇巻、二〇〇二年、二二三ページ。
(21) 森住明弘「市民参加のコンサルタント機関の創設を」『月刊廃棄物』一九九九年一一月号、七〇ページ。
(22) 前掲(16)、四五ページ。

(23) 角橋哲也『脱・クルマ社会——道路公害対策のすべて』自治体研究社、一九九四年、八三ページ。
(24) 環境影響評価情報支援ネットワークのホームページ http://www.env.go.jp/policy/assess/
(25) 環境アセスメント学会のホームページ http://www.jsia.net/
(26) 高橋彦芳『田舎村長人生記——栄村の四季とともに』本の泉社、二〇〇三年、一三一ページ。

おわりに

本文では紙数の制約からくわしくふれられなかったが、従来はとかく「公共事業」を推進する一方と思われていた行政のなかから、道路建設をやめる決断を下した例を簡単に紹介したい。従来のように右肩上がりの高度経済成長が望めず、福祉など他に優先すべき行政の責務との競合のもとで、財源の制約が強まってきた状況が、その最大の要因として考えられる。しかし、依然として道路の整備を強く要望する市民の声も大きく、「やめる」判断を下すことは、地域の社会的・政治的環境のもとでは容易でないという事情もある。

長野県松本市では、長年懸案となっていた道路の建設について、市民の意向を確認するプロセスに基づいて、自治体が一つの道路事業をやめる判断を下した。その全過程は松本市のホームページで公開されている(第6章注(3)参照)ので、参照していただきたい。市民がふつう意識することのない道路を造るおカネの仕組みや地方財政の現状にかかわる問題など、さまざまな関連する情報が市民に提供され、単に道路を造る・やめるという議論のほかにも、地方自治について人びとの関心を呼び起こす機会が提供されたことも、有意義であった。

その過程で、ハプニングとも言えるできごとが起きた。無作為抽出による市民アンケートの回収期間中に、建設促進側が地元新聞に全面見開きの意見広告を掲載したのである。ある公共事業について意見が二分されている状況でアンケートを実施しているとき、一方から大規模な広告活動が行われると、その前後で回答者の意見がどのような影響を受けるかを計測する機会が偶然にも生じたことになる。結果は、統計的に有意な差は生じなかった。この検討も前述の報告書に収録されているので、参照していただきたい。

コモンズから二〇〇二年に刊行された拙著『自動車にいくらかかっているか』は、幸い実務家の方にも市民の方にも目を留めていただくことができ、筆者のもとにもさまざまなご意見をいただいた。ただし、同書ではふれられなかった点や、記述が十分でない事項も多く残り、さらには道路特定財源の一般財源化の問題のように昨今の新しい動きもある。そこで、自動車と道路交通にかかわる次の本の企画を考えていたところ、大江正章氏のご尽力によって再度コモンズから本書を刊行できた。ここに厚く感謝を申し上げたい。

出版社のコモンズは、二〇〇六年一一月に創立一〇周年を迎えたが、この間に一二〇点もの書籍を刊行している。平均して月に一点というハイペースである。個々の書籍はマスメディアに比べて発行部数が少ないが、自分の問題として何かに真に困っている人、情報を必要としている人に届いたときの効果は大きい。インターネットの普及によって、在来型の書籍の出版による情報の伝播力が弱まっているとみる人もあるようだが、筆者は、情報の力とは「伝達量(多くの人に見てもらえる)」×「信頼性(科学的で客観的な根拠)」×「当事者性(本人が自分で考えている、困っている、悩んでいる実感)」の掛け算であると思う。

インターネットの普及による負の側面として、憶測と断片的な知識に基づく、排他的で暴力的な言論が影響力をもつようになったとみる人もある。しかし、そうした情報のほとんどは、匿名であるとともに、決まり文句をコピーした文言の繰り返しが多い。この種の情報は、たとえ伝達量が大きくても、当事者性と信頼性との掛け算によって「情報力」は小さくなる。こうした状況のもとで、在来型の堅実な書籍の出版の意義は、少しも薄れることがないどころか、ますます重要となっている。

本書の執筆にあたり、これまでと同じく、多くの方々から貴重なご指導とご協力をいただくとともに、先人の研究成果を活用させていただいた。なかでも、須田春海氏（市民運動全国センター）には、政策全般について常にご指導をいただいている。また、竹下涼子氏（環境自治体会議）と平田仁子氏（気候ネットワーク）には、執筆中つねに励ましていただいた。データの提供については、江崎美枝子氏（喜多見ポンポコ会議）に多大なご協力をお願いした。ここに記して、改めてお礼を申し上げたい。

二〇〇七年九月

上岡直見

〈著者紹介〉

上岡直見（かみおか・なおみ）

1953年　東京都生まれ。

1976年　早稲田大学大学院修士課程修了。技術士（化学部門）。

1977～2000年　化学プラントの設計・安全性審査に従事。

現　在　環境自治体会議環境政策研究所主任研究員、法政大学非常勤講師（環境政策）、交通権学会副会長。

主　著　『鉄道は地球を救う』（日本経済評論社、1990年）、『交通のエコロジー』（学陽書房、1992年）、『乗客の書いた交通論』（北斗出版、1994年）、『クルマの不経済学』（北斗出版、1996年）、『脱クルマ入門』（北斗出版、1998年）、『地球はクルマに耐えられるか』（北斗出版、2000年）、『自動車にいくらかかっているか』（コモンズ、2002年）、『持続可能な交通へ――シナリオ・政策・運動』（緑風出版、2003年）、『市民のための道路学』（緑風出版、2004年）、『交通環境政策講義資料』（DTP出版、2005年）、『新・鉄道は地球を救う』（交通新聞社、2007年）。

脱・道路の時代

二〇〇七年一〇月五日　初版発行

著　者　上岡直見

発行者　大江正章

発行所　コモンズ

東京都新宿区下落合一-五-一〇-一〇〇二

TEL〇三（五三八六）六九七二

FAX〇三（五三八六）六九四五

振替　〇〇一一〇-五-四〇〇一二〇

info@commonsonline.co.jp

http://www.commonsonline.co.jp/

印刷／東京創文社・製本／東京美術紙工

乱丁・落丁はお取り替えいたします。

ISBN 4-86187-038-5 C 0036

＊好評の既刊書

地域の自立　シマの力（上）
●新崎盛暉・比嘉政夫・家中茂編著　本体3200円＋税

地域の自立　シマの力（下）　沖縄から何を見るか沖縄に何を見るか
●新崎盛暉・比嘉政夫・家中茂編著　本体3500円＋税

歩く学問　ナマコの思想
●鶴見俊輔・池澤夏樹・村井吉敬・内海愛子ほか　本体1400円＋税

北朝鮮の日常風景
●石任生撮影・安海龍文・韓興鉄訳　本体2200円＋税

開発援助か社会運動か　現場から問い直すNGOの存在意義
●定松栄一　本体2400円＋税

グローバリゼーションと発展途上国
●吾郷健二　本体3500円＋税

カツオとかつお節の同時代史　ヒトは南へ、モノは北へ
●藤林泰・宮内泰介編著　本体2200円＋税

徹底検証ニッポンのODA
●村井吉敬編著　本体2300円＋税

ODAをどう変えればいいのか
●藤林泰・長瀬理英編著　本体2000円＋税

＊好評の既刊書

森をつくる人びと
●浜田久美子　本体1800円＋税

森のゆくえ　林業と森の豊かさの共存
●浜田久美子　本体1800円＋税

森の列島《しま》に暮らす　森林ボランティアからの政策提言
●内山節編著　本体1700円＋税

里山の伝道師
●伊井野雄二　本体1600円＋税

森林業が環境を創る　森《やま》で働いた2000日
●安藤勝彦　本体1700円＋税

感じる食育　楽しい食育
●サカイ優佳子・田平恵美　本体1400円＋税

わたしと地球がつながる食農共育
●近藤恵津子　本体1400円＋税

パンを耕した男　蘇れ穀物の精
●渥美京子　本体1600円＋税

食卓に毒菜がやってきた
●瀧井宏臣　本体1500円＋税